多种流动控制技术

谢永慧 张 荻 吕 坤 编著

科学出版社

北京

内 容 简 介

本书介绍了进行流动控制研究的数值和实验方法，深入细致地描述了多种流动控制技术，包括涡旋射流、合成射流、球窝、扑翼振荡等。通过大量的实例和图表阐述了流动结构的控制机理，同时提供了一些可供参考和借鉴的流动控制结构及具体参数。本书内容新颖广泛，既强调机理，又注重应用。

本书可供能源动力、航空航天等专业的科研人员参考使用，也可作为相关专业的研究生教材。

图书在版编目（CIP）数据

多种流动控制技术/谢永慧，张荻，吕坤编著.—北京：科学出版社，2017.3

ISBN 978-7-03-046464-4

Ⅰ.①多… Ⅱ.①谢… ②张… ③吕… Ⅲ.①液体流动控制–研究 Ⅳ.①TK124

中国版本图书馆 CIP 数据核字（2015）第 282019 号

责任编辑：亢列梅 高慧元 / 责任校对：刘亚琦
责任印制：张 伟 / 封面设计：铭轩堂

科学出版社 出版
北京东黄城根北街 16 号
邮政编码：100717
http://www.sciencep.com

北京教图印制有限公司 印刷
科学出版社发行 各地新华书店经销
*

2017 年 3 月第 一 版 开本：720×1000 1/16
2017 年 3 月第一次印刷 印张：12 1/2
字数：242 000
定价：80.00 元
（如有印装质量问题，我社负责调换）

前　言

逆压梯度可能使近壁区流体发生回流或逆流，导致流体不能沿着物面外形流动而离开物体表面，这种现象称为流动分离。尽管分离流动可以提高热量和质量的传输以及混合效率，但其危害也极为显著：飞机机翼表面的流动分离将引起阻力增加，升力降低，甚至失速；动力机械中通流叶栅和扩压器中的流动分离会降低运行效率，还可能造成过大的振动从而危害机器的安全运行。因此，加深对流动分离物理过程的认识，发展分离流动控制技术，一直是学术界和工程界关注的焦点。

流动控制概念由来已久。早在 1904 年，普朗特在首次提出边界层理论的同时，就给出了采用抽吸方法控制圆柱绕流和推迟分离的实验结果，表明了流动是可以控制的。随着流体力学、计算流体动力学和实验流体力学等的进一步发展，众多学者开发了多种流动控制技术以提高飞行器和动力机械等的效率及安全性。例如，美国空军研究实验室应用球窝有效控制了低压透平叶片吸力面的流动分离，降低了叶栅损失。

本书总结了作者及所在科研团队多年来在流动控制理论、数值和实验方面的研究成果，提供了丰富的流动控制实例，阐明了各种流动控制机理，给出了大量可供参考和借鉴的流动控制结构及具体参数。全书分为六章，包括绪论、数值与实验方法、基于涡旋射流的主动流动控制技术研究、基于合成射流的低压高负荷透平叶栅边界层分离控制研究、球窝结构的流动控制研究、振荡扑翼的推进特性及能量采集研究。

本书得到了国家自然科学基金（10602044）、国家 863 计划专题课题（2009AA04Z102）、教育部留学回国人员科研启动基金、西安交通大学新兴前沿/学科综合交叉类科研项目（XJJ20100127）等的资助。本书内容涵盖了曾在研究团队学习过的 8 位研究生的科研成果，他们是樊涛博士、蓝吉兵博士、陈建辉博士、吕坤博士、舒静硕士、叶冬挺硕士、何海宇硕士、王传进硕士，研究团队的姜伟、郑璐两位博士研究生在本书的编写过程中进行了大量校对工作，在此表示诚挚的感谢！科学出版社亢列梅编辑为本书的出版付出了非常多的努力，在此一并表示感谢！

流动控制技术在航空航天和动力机械领域具有广阔的应用前景，其内容远不止本书涉及的几种形式，作者希望抛砖引玉，吸引更多的卓越之士共同推动这一领域的发展。

由于作者水平有限，书中不足之处在所难免，敬请读者批评指正。

作　者

2016 年 12 月

于西安交通大学

目　　录

1 绪 论

1.1 流动分离现象

流动分离是流体力学中一类非常重要而又复杂的流动现象，普遍存在于航空航天、动力机械等各类实际工程中。如图 1-1 所示，当流体绕钝体或曲面流动且未发生分离时，边界层外的流动可视为势流。而在边界层内，由于 S_2 点之前沿流动方向压强逐渐减小（压强梯度为负，顺压梯度），因此作用在流体质点上的压力合力方向与流动方向一致，并与边界层内黏性阻滞作用相反。当流体流过 S_2 点后，压强逐渐增大（压强梯度为正，逆压梯度），作用在流体质点上的压力合力方向与流动方向相反，在逆压梯度与黏性阻力的双重作用下，边界层内的流动在 S_3 点开始发生分离，此时靠近壁面的流体实际上变为回流或逆流，流场中出现大尺度不规则旋涡，旋涡中流体的机械能一部分耗散并转化为热能，因此分离点下游的压强近似等于分离点处的压强[1]。边界层在分离后，不断地卷起旋涡并流向下游形成尾迹，尾迹一般在流体下游会延伸一段距离。

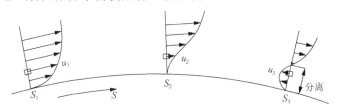

图 1-1　壁面边界层流动分离示意

在许多动力机械中，流体从固壁表面分离是不可避免的。尽管分离流动可以提高热量和质量的传输以及混合效率，但由于其固有的非定常性，往往造成大量的能量损耗。流动分离不仅会引起飞行器的阻力增大、升力减小，导致回流甚至失速，还会降低动力机械的运行效率，使动力机械产生振动并危害机组安全运行。例如，在轴流压缩机中，绕流叶栅的流动发生分离会使压缩机进入旋转失速和喘振等不稳定的破坏性工况，导致压比和效率急剧下降，振动增加，甚至造成重大事故。因此，加深对分离流动物理过程的认识，发展分离流动控制技术，一直是学术界和工程界关注的焦点。

进行流动控制的目的包括延迟/加速转捩、抑制/加强湍流、阻止/促进分离等，从而减小阻力、增加升力、加强掺混、加强热传导并抑制流动引起的噪声，具有广泛的工程应用前景。进行流动控制还可以在很大程度上提高动力机械的性能。

例如，在透平机械叶片表面进行流动控制可以延迟流动分离，提高压比和质量流量；在机翼表面进行控制可以使流动状态从层流转捩为湍流，降低流动阻力；而对火箭发动机进行流动控制则可以增大掺混程度，提高燃烧效率及比冲，使发动机的小型化成为可能，同时可以大大提高火箭及导弹的机动性、经济性，增大射程和载荷，提高能源利用率。

流动控制技术按控制方式分为被动控制与主动控制。被动控制是没有辅助能量消耗的流动控制。这种控制技术通过改变流动边界条件、压强梯度等达到控制流动的目的，主要采用调节优化几何型面来实现（如在物体表面使用固体涡旋发生器[1-3]、在分离点上游物体表面加工一系列横向或纵向沟槽[4,5]、在物体表面布置粗糙单元[6,7]等方法来减少或抑制流动分离）。这种控制是事先确定的，当实际情况偏离设计状态时，控制效果有可能达不到最佳设计状态。主动控制是将辅助能量引入流动的控制。采用这种控制方法时，需要在流动环境中直接注入合适的扰动，使之与系统内的流动相互作用达到控制目的。主动控制方法包括表面运动[8]、连续或间断吸吹[9-12]以及以激光、电子束、等离子体[13-16]等为载体输入能量的方法。流动分离的主、被动控制方法各有优缺点，被动控制的优点在于结构简单，无需额外添加装置或系统，但是变工况性能较差，不能根据主流工况的变化进行相应的调整，而且会增大流动阻力。主动控制的优势在于具有良好的变工况性能，可以根据工况的变化改变自身结构或流动参数，从而达到最优的控制效果，但是主动控制方法往往需要添加额外的装置或系统，从而增加了系统本身的复杂性。

1.2　基于涡旋射流的主动流动控制技术

Wallis[10]在20世纪50年代提出了采用涡旋射流来抑制和延迟湍流边界层分离的方法，他利用设置在固体壁面上与流动方向形成一定夹角的射流孔向主流中喷射流体，使其生成离散的纵向涡，从而对边界层分离和流动失速进行控制。近年来，随着计算机技术、现代流动测试技术的迅速发展，对涡旋射流控制方法及其应用的研究越来越广泛。目前，相关研究和应用主要集中在扩压器、透平叶片和机翼的流动分离控制。

涡旋射流（vortex generator jets，VGJs）能够在湍流边界层中产生较高强度的纵向涡，在逆压梯度环境下，这种纵向涡能够抑制或消除湍流区域的流动分离[11]，其对边界层的控制作用受到射流方向[17-19]、射流速度比[11,17,20]、射流孔形状[21,22]、射流管布置[21,23]等多个参数的共同影响，大部分关于涡旋射流对流动分离控制效果的研究都围绕这几方面展开。

1.2.1 射流式涡旋发生器

射流式涡旋发生器是基于固体涡旋生成器原理发展起来的一种边界层分离主动控制方法，它克服了固体涡旋生成器被动控制的缺点，对流场的控制可以随时间快速响应，连续和准确地提供各种工况下边界层分离控制所需要的喷射流量，在不需要控制时能方便迅速地关闭，因此不会向流场中引入附加阻力损失。按流动控制方式可将射流式涡旋发生器分为定常涡旋射流和脉冲涡旋射流两种类型。图 1-2 和图 1-3 分别展示了用于控制透平叶片和机翼吸力面流动分离的射流式涡旋发生器布置图。

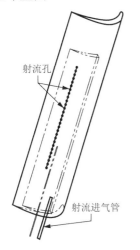

图 1-2 射流控制透平叶片流动分离[24]

图 1-3 射流控制机翼前缘流动分离[25]

如图 1-4 所示，典型的涡旋射流主要参数包括：射流方向角（包括射流倾斜角 α 和射流偏斜角 β），射流速度比 $VR = u_{jet} / U_\infty$（其中 u_{jet} 为射流平均速度，U_∞ 为主流速度），以及射流孔径与边界层厚度比 d / δ。如果需要布置多个射流发生器，则要考虑射流孔的个数及间隔。对于脉冲射流，还需要引入脉冲频率 f 和占空比（duty cycle，DC）。

在使用涡旋射流控制流动分离的过程中，涡旋发生器向主流倾斜喷射一股射流，使流场具有了很强的三维特性。射流流动在射流边界处形成速度剪切层，剪切层失稳将产生一个沿主流方向的旋涡，该旋涡能够将主流边界层外的高能流体卷入边界层内，增加边界层内

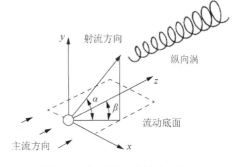

图 1-4 典型的涡旋射流示意图

部流体的能量，达到控制流动分离的目的。此外，与传统的定常涡旋射流相比，脉冲涡旋射流生成的纵向涡更容易渗入边界层内，从而更为有效地控制流动分离，并且当质量流量相同时，脉冲涡旋射流能够更大程度地延缓大攻角机翼的流动分离，大幅度减小分离区面积[12]。

1.2.2　涡旋射流流动特性

涡旋射流的流动特性与传统的横向射流类似。主流遇到射流阻碍形成绕流，造成射流前后流场压强分布不对称，于是在主流的推力作用下，射流发生弯曲。当涡旋射流形成稳定的流动状态后，整个射流分为以下 3 个区域。

（1）起始段。在射流出口近区存在一个势流核心区，从射流出口到势流核心区末端为射流的起始段。射流在起始段弯曲不大，基本沿出射方向流动。

（2）弯曲段。从势流核心区末端至射流逐渐与横流平行为弯曲段。在弯曲段，由于受到很高的横向压强梯度作用，射流轨迹发生弯曲，流速衰减较快，并且由于绕流的作用，在射流两侧形成一对反向旋涡。

（3）顺流贯穿段。弯曲段之后即为顺流贯穿段。在顺流贯穿段，射流方向基本与横流方向一致，主流的绕流作用基本消失，射流对主流的影响逐渐减弱，直至消失[26]。

射流流场特性由大尺度相干结构控制，流动状态非常复杂。图 1-5 给出了射流与主流相互作用形成的主要涡系结构[27]。在射流近场区域有比较明显的 4 种涡结构并存，分别是射流剪切层涡（jet shear-layer vortices）、马蹄涡系（horseshoe vortices）、尾迹涡（wake vortices）和反向涡对（counter-rotating vortices）。这 4 种涡结构相互作用、彼此关联。射流剪切层涡破裂后，反向涡对形成，同时马蹄涡向下游发展，进入尾迹区，而尾迹涡则将部分涡量输运至射流内部的反向涡对。这几种涡之间的作用直接影响着射流和主流流场的变化。

1. 射流剪切层涡

射流剪切层涡是由于射流与主流之间速度大小和方向存在差异，导致剪切层失稳而产生的涡结构。射流剪切层的涡系为涡环结构[28]，涡环之间存在相互作用，涡环的边界在与相邻涡环的作用中被消除，出现涡环合并现象[29]。如果射流垂直射入主流，则射流剪切层涡中不一定存在环形涡，并且在射流出口形成的反向涡对将抑制涡环的生成[30]，若涡环无法形成，则涡层将直接变形和卷起形成射流的大尺度涡结构，同时，剪切层涡还会演化成一些小尺度的非定常肾状或反肾状涡对[31]。

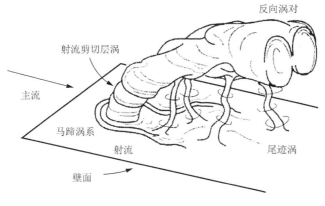

图 1-5 涡旋射流的结构[27]

2. 马蹄涡系和尾迹涡

马蹄涡系是主流受到射流的阻碍作用，围绕射流形成的大尺度涡结构。对于方形射流流动，位于射流上游的马蹄涡系随射流与主流速度比的变化而不同，且马蹄涡系的形成具有一定的周期性，其频率与射流尾迹中涡的频率接近[32]。尾迹涡则是壁面边界层掠过射流边界时形成的分离现象，由于主流的绕流作用，射流主体边界受到剪切发生变形，在射流背流面下游会形成连接射流体和壁面边界层的垂向尾迹涡结构[33]。

3. 反向涡对

反向涡对是流向截面上一对旋转方向相反的涡结构。关于反向涡对的形成，有多种解释，但尚未有定论。Broadwell 等[34]认为反向涡对是主流远区的流动特性。Moussa 等[35]发现射流剪切层涡环卷起时朝着射流的方向旋转，并认为反向涡对起始于射流边界的剪切层，在射流进入主流时便已生成。Cortelezzi 等[36]采用三维涡元法对反向涡对进行了研究，认为涡环的折叠运动导致了反向涡对的产生，并证实了 Kelso 等[28]在实验中发现的涡环卷起、相互作用、倾斜折叠等现象。

1.3　基于合成射流的主动流动控制技术

合成射流（synthetic jet）又称零质量射流，是一种采用流体激励器进行流场主动控制的全新技术。由于工质来源于主流流体，无需外部供应流体，因此控制结构比较简单，所需能量极小。Ingard 等[37]在 1950 年就已利用声波使管内空气产生振动，进而在圆管两端的小孔得到一系列涡环结构，但直到 1993 年，Wiltse 等[38]的研究才使合成射流技术真正成为一种主动流动控制技术，其后该技术迅速成为相关研究的热点。国内，明晓等[39]在 20 世纪 80 年代末也开始研究零质量射流各种现象的形成机理，并将其应用于流动分离的主动控制。

1.3.1 合成射流激励器

合成射流激励器（synthetic jet actuator，SJA）是采用合成射流进行流动控制时的关键部件，主要由激励器腔体和振动薄膜两部分组成。其结构形式是在激励器的一端开有小孔或细缝，在另一端安装有振动薄膜。振动薄膜包括压电材料和金属薄膜，主要作用是将电信号转化为薄膜的振动特性，将电能转换为薄膜的动能，然后带动激励器空腔中的流体振动，产生吹、吸作用，每个周期的质量流量为零。图 1-6 为典型的合成射流激励器结构图。

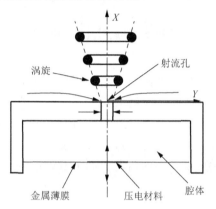

图 1-6   合成射流激励器结构示意图[40]

1.3.2 合成射流控制技术的研究和应用

合成射流技术在很多工程领域都具有广阔的应用前景，受到了国内外众多学者的关注。目前合成射流的应用研究主要集中在控制流体边界层流动分离、发动机推力向量控制、飞行器气动性能调节、流动方向控制、增强元器件传热传质性能以及抑制噪声等领域。研究内容主要包括以下两个方面。

（1）机理性研究：合成射流机理、激励器的改进、流场特征分析及控制参数优化等。

（2）应用性研究：飞行器控制、透平叶栅流动控制、高马赫数飞行体表面气体流动控制、火箭发动机推力矢量控制等。

图 1-7、图 1-8 分别给出了合成射流应用于透平叶片和翼型流动控制的结构图。

影响合成射流的因素包括驱动因素、结构因素等，国内外学者对这两种因素进行了大量研究[43-46]，分析了包括驱动频率和出口尺寸在内的多种设计参数对激励器射流速度的影响，获得了丰富的设计经验参数。此外，合成射流的安装位置、频率范围、动量范围也会影响控制效果[47,48]。

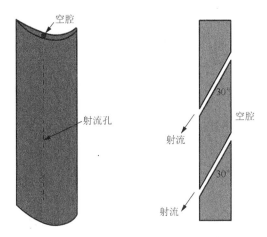

图 1-7 透平叶片合成射流流动分离控制[41]

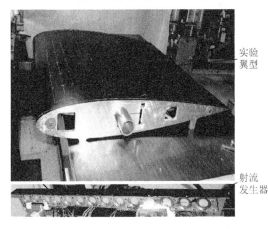

图 1-8 翼型的合成射流流动控制[42]

合成射流对机翼和透平叶片表面分离流动均有良好的控制效果。例如，当雷诺数较低时，使用合成射流控制飞机机翼表面气流分离，可使升力系数提高 15%，过失速阻力系数降低 50%[49]。而将合成射流激励器置于翼型回流区进行分离流动控制时，则可有效推迟翼面边界层分离点，缩小回流区范围，提高翼型的升力[50,51]。此外，在 NACA0015 翼型的分离点附近使用合成射流进行流动控制，可显著抑制分离、推迟失速（使失速攻角提高 2°）、提高升力[52]，并且可以获得恰当的位置、频率范围和动量范围使控制效果达到最佳。对于透平叶栅，使用等离子激励器可有效减小流动分离区域[53]。当雷诺数较小时，激励器的最佳安装位置处于分离点上游不远处，应用合成射流可使损失系数降低 14%[54]。

1.4　流动分离的被动控制技术

　　流动分离的被动控制技术主要通过改变流动环境，如边界条件、压强梯度等来实现控制流动的目的。常用的被动控制技术包括使用固体涡旋发生器[1-3]、在物体表面加工凸台、球窝、沟槽及粗糙单元体[4,5]等。被动控制技术的优点是结构简单，无需添加额外的能量消耗装置或系统；缺点是变工况性能较差，并且通常会增大流动阻力。

　　国内外研究人员采用了多种被动方法对透平叶片和翼型表面的流动分离进行控制，并且发展出多种新型控制技术以实现更有效的流动控制。图 1-9 所示为被动式涡旋发生器，图 1-10 和图 1-11 分别给出了添加 Gurney 襟翼进行被动流动控制的 Langston 叶片和翼型[55-57]。

图 1-9　被动式涡旋发生器

图 1-10　添加 Gurney 襟翼的 Langston 叶片　　　图 1-11　添加 Gurney 襟翼的翼型

　　在翼型尾缘添加襟翼可以增大尾缘曲率，使翼型上表面尾缘附近的流线向下弯曲，增大绕翼型的环量，提高升力[58]。在透平叶片压力面尾缘添加 Gurney 襟翼，则可使流体转向并加速，减小吸力面分离泡尺寸[59]，并且有效降低 PakB 叶栅在失速流动状态下的损失[60]。此外，在透平叶栅吸力面添加控制棒和圆柱体[61]（图 1-12）或凸台结构[62]（图 1-13），也可以实现流动分离控制，减小分离泡尺寸，降低总压损失系数。对于压气机，可在其静叶流道进口处添加被动式涡旋发生器（图 1-14）以减小二次流尺寸，从而使总压损失系数降低 4.6%[63]。

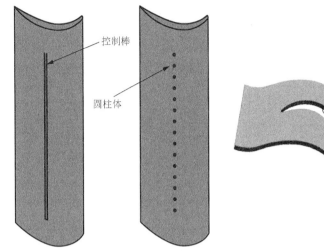

控制棒

圆柱体

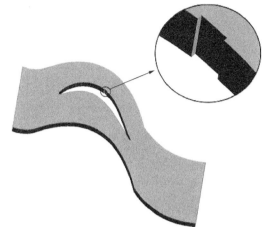

图 1-12 叶片吸力面控制棒和圆柱控制结构[61]　　图 1-13 叶片吸力面凸台控制结构[62]

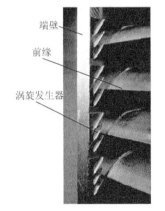

端壁

前缘

涡旋发生器

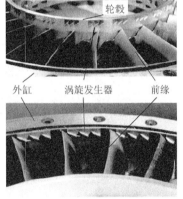

轮毂

外缸 涡旋发生器 前缘

图 1-14 压气机静叶流道的流动被动控制[63]

　　球窝是在壁面上按一定规律布置的球面凹坑，是一种被动控制结构。图 1-15 所示为球窝的主要几何参数，其中 D 为球窝直径，R_s 为球窝球面半径，δ 为球窝深度。图 1-16 给出了球窝内部典型流动结构。早在 1976 年，Bearman 和 Harvey[64] 就开展了采用浅球窝进行高尔夫球减阻的研究，发现将球窝布置于高尔夫球表面可以减小临界雷诺数，并且在雷诺数大于临界值时，仍可使球体的阻力系数保持在较低水平。其后，由于球窝结构具有良好的流动控制性能，各国学者纷纷开展了采用球窝进行分离流动控制及减阻的研究。

　　与在高尔夫球表面布置球窝类似，在圆柱体表面布置球窝也可以降低临界雷诺数，并且当雷诺数大于临界值时，仍可使阻力系数保持在较低水平[65]。美国空军研究实验室的 Lake 等[66,67]最早将球窝控制技术引入低压透平叶片吸力面分离流动的控制中，发现球窝结构的工况适用性强，在各种不同工况（不同雷诺数、

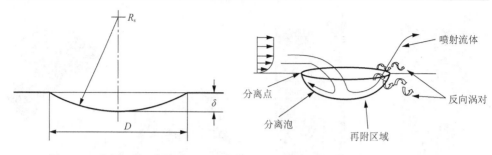

图 1-15   球窝主要几何参数   图 1-16   球窝内部典型流动结构

不同来流湍流度）下均可降低叶片损失系数，实现有效控制。2004 年，美国空军研究实验室进一步将球窝控制技术应用于高压透平导叶的流动控制中[68]，图 1-17 所示为吸力面布置球窝的高压透平导叶。此外，国内学者乔渭阳等[69]、谢永慧、张荻等[70-73]也对低压透平叶片吸力面的流动分离控制进行了研究。

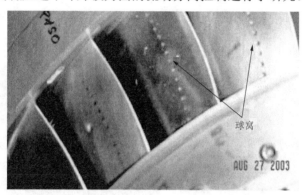

图 1-17   吸力面布置球窝的高压透平导叶[68]

1.5   振荡扑翼的流场结构控制

除了传统的主动和被动流动控制方式以外，还可以通过使控制结构按照特定规律运动，从而达到预期的流场结构及控制气动特性的目的。例如，鸟类、鱼类、鲸和海豚等生物通过控制翅膀或鳍的振荡来产生气动升力及推力，实现飞行或游动。受此启发，多位学者进行了仿生扑翼飞行器（flapping-wing MAV）的开发（图 1-18）[74]。通过设定仿生飞行器扑翼的运动参数，可以达到特定的气动控制效果，实现预期的飞行目标。

图 1-18   Platzer 和 Jones 设计的扑翼飞行器[74]

1.5.1 振荡扑翼的推进特性

振荡扑翼主要通过俯仰运动[75,76]、沉浮运动[77-79]和沉浮俯仰耦合运动[80,81]三种运动模式来产生推力。三种模式各有优缺点：扑翼沉浮运动容易进行机械控制并且推力较大，但易发生翼型前缘流动分离，使推进效率降低。俯仰运动也容易进行机械控制，但只有振荡频率较高时才产生推力，并且推力值较低。扑翼沉浮俯仰耦合运动产生的推力较大且推进效率较高，但机械控制比较复杂。对于俯仰和沉浮运动，当扑翼进行低频振荡时，尾流结构为卡门涡街，主要产生阻力；而当振荡频率增大到一定程度时，尾流结构为反卡门涡街，此时流场由产生阻力转为产生推力。而沉浮俯仰耦合运动则在较低频率下就能够产生较大的推力，推进效率也高达 85%左右，显著高于常规推进系统。因此，通过合理地选择扑翼运动参数和运动模式，可以达到最优的流场结构控制效果，获得较大的推力和较高的推进效率。

1.5.2 振荡扑翼的能量采集

海豚等海洋生物和鸟类还可以通过控制扑翼振荡形式来采集流场中的能量，实现高速、高效的运动。受此启发，近年来多位学者开展了利用叶片扑翼运动实现风能/洋流能采集的研究[82-84]。McKinney 和 DeLaurier[85]于 1981 年首次提出了利用沉浮俯仰耦合振荡扑翼实现能量采集的概念，认为振荡扑翼的能量采集效率可以和传统的旋转式叶轮机械相媲美，而扑翼能量采集装置又可以避免传统风力机和水轮机噪声大、影响生物迁徙等缺点，因此具有广阔的开发前景。近年来，越来越多的学者投入到相关研究中。

振荡扑翼主要通过沉浮俯仰耦合运动实现能量采集，其能量采集模式如图 1-19所示。在相同振型下，当俯仰攻角小于沉浮诱导攻角时，扑翼振荡产生气动推力；而当俯仰攻角大于沉浮诱导攻角时，扑翼升力与沉浮运动方向相同，振荡扑翼可以进行能量采集。

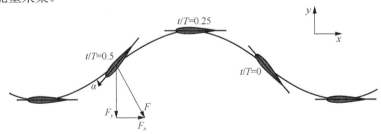

图 1-19　振荡扑翼能量采集模式[82]

在扑翼能量采集装置的工程化开发方面，英国的 Engineering Business 公司和Pulse Tidal 公司走在世界前列。如图 1-20 所示，Engineering Business 公司于 2005 年首次开发了 150kW 振荡水翼潮流发电工程样机[86,87]。机组采用单翼悬臂布置结构，实际测试中最大发电功率为 85kW，最高能量采集效率达 11.5%。2009 年，英国 Pulse Tidal 公司开发了 100kW "Pulse-Stream 100" 机组[88]，如图 1-21 所示。为了提高输出功率，机组采用双水翼串联布置方式，扫掠面积达 12m×45m。2011 年，加拿大拉瓦尔大学 Kinsey 团队[89]开发了振荡双水翼能量采集装置，测试发现系统效率高达 40%，可与先进的旋转叶轮式透平装置的能量采集效果相媲美。在国内，目前尚未见到对振荡扑翼能量采集装置进行工程开发的公开报道。

图 1-20　Engineering Business 公司振荡水翼潮流发电工程样机[86,87]

图 1-21　Pulse Tidal 公司 100kW "Pulse-Stream 100" 机组[88]

1.6　本书的主要内容

本书对多种主动和被动流动控制方法进行了研究，包括涡旋射流、合成射流等主动控制技术，球窝/球凸结构等被动控制技术，以及振荡扑翼推进特性和流场结构控制等。采用实验和数值方法，全面分析了各种流动控制方法的性能和机理。全书共分为 6 章，各章的内容安排如下。

第 2 章主要介绍研究流动控制技术所采用的实验和数值方法。实验方法包括热线流速测试技术和 PIV 流场可视化测试技术，数值方法包括大涡模拟、雷诺时均数值模拟方法以及湍流数值研究的可视化方法。

第 3 章首先采用 PIV 测试技术和大涡模拟方法对涡旋射流控制扩压器流动分离进行了多方面的研究，在此基础上，采用实验和数值方法研究了涡旋射流控制逆压梯度平板边界层分离，分析了多种射流控制方式下射流流场大尺度相干结构的演化规律，探讨了不同射流控制方式的物理机理。

第 4 章以低压透平 PakB 叶栅为研究对象，采用大涡模拟方法分析了合成射流对叶栅吸力面尾缘区域流动分离的控制作用和机理，以及不同工况下射流参数对流动控制效果的影响。

第 5 章首先结合实验和数值方法研究了顺压条件下球窝前沿边界层相对厚度对球窝流动的影响，然后采用大涡模拟方法研究了球窝前沿边界层相对厚度对球窝的分离流动控制机理和效果，分析了边界层分离、转捩和再附的流动特性以及它们与球窝诱发的流动结构之间的相互影响，最后在低压透平叶片吸力面布置球窝结构，分析了多种工况下球窝结构的流动分离控制效果。

第 6 章以振荡扑翼为研究对象，通过改变扑翼振荡参数和运动模式控制其气动效应，实现了产生推力和能量采集的效果。在此基础上，结合扑翼周围流场结构的发展和气动力的演变，分析了运动参数和振型对推进特性及能量采集效果的影响。

2   数值与实验方法

理论分析、实验研究和数值模拟是研究流动问题的三种基本方法。

（1）理论分析方法是在研究流体流动规律的基础上，提出简化模型并建立控制方程组，通过合理的假设、推导和演算得到解析解。理论分析方法的最大特点是能够给出具有普遍性规律的信息，可以得到封闭且简单的公式，只需花费较小的代价和较少的时间即可获得规律性的结果或变化趋势。该方法通常应用于初步设计阶段，并不适用于研究复杂的、以非线性流动现象为主的流动问题。

（2）实验研究能综合考虑影响流动的各种因素，结果客观可靠。针对流动控制的研究始于实验研究，尽管数值模拟方法在近年来取得了飞速发展，但实验测试仍然是流场研究必不可少的手段。实验测量包括流动测量和流动显示两方面，流动测量可以获得流体的定量信息，主要包括流速、浓度、流量、压力等，流动显示则是将流体流动的物理现象用特定设备显示出来，以便进行定量或定性分析。本章将介绍热线流速测试技术和 PIV 测试技术的系统及原理。

（3）随着计算机技术的不断发展和数值方法的不断进步，特别是高精度计算方法的提出及网格生成技术的发展，人们已经可以通过数值方法对大量流动问题进行模拟，并取得与实际流动比较吻合的结果。目前较为先进的数值模拟方法包括直接数值模拟、雷诺时均法及大涡模拟方法等，本章将进行详细介绍。

2.1   热线流速测试技术

2.1.1   热线流速测试技术基本原理

热线流速测试技术以对流换热原理为基础[90]，是传热学理论和电子技术相结合的产物，具有信号连续、便于进行谱分析和湍流测量的特点。其优点为灵敏度和测量精度高、重复性好且使用成本低[91]；使用计算机进行实时数据采集处理，可以进行动态测量；实用性强，能够测量大型流场以及不透明流场。

热线流速仪最常用的热转换公式为 King 给出的无限长圆柱在无限大空间中热对流方程的解，表达式为

$$H = A + B\sqrt{U} \tag{2-1}$$

式中，H 为对流换热系数；A、B 为一定条件下的常数；U 为流速。根据热平衡原理，式（2-1）可写为

$$I_w^2 R_w = \left(T_w - T_c\right)\left(A + B\sqrt{U}\right) \tag{2-2}$$

$$R_{\mathrm{w}} = R_{\mathrm{c}}\left[1 + \alpha_{\mathrm{c}}\left(T_{\mathrm{w}} - T_{\mathrm{c}}\right)\right] \tag{2-3}$$

式中，α_{c}、R_{c}分别为环境温度T_{c}时金属丝的电阻温度系数和电阻。

当I_{w}恒定时，可得热线流速仪的静态恒流方程为

$$R_{\mathrm{w}} = \frac{-R_{\mathrm{c}}\left(A + B\sqrt{U}\right)}{I_{\mathrm{w}}^{2}\alpha_{\mathrm{c}}R_{\mathrm{c}} - \left(A + B\sqrt{U}\right)} \tag{2-4}$$

当R_{w}恒定时，可得热线流速仪的静态恒温方程为

$$I_{\mathrm{w}}^{2} = \frac{\left(R_{\mathrm{w}} - R_{\mathrm{c}}\right)\left(A + B\sqrt{U}\right)}{\alpha_{\mathrm{c}}R_{\mathrm{c}}R_{\mathrm{w}}} \text{ 或 } I_{\mathrm{w}} = \left[\frac{\left(R_{\mathrm{w}} - R_{\mathrm{c}}\right)\left(A + B\sqrt{U}\right)}{\alpha_{\mathrm{c}}R_{\mathrm{c}}R_{\mathrm{w}}}\right]^{1/2} \tag{2-5}$$

2.1.2　IFA300 热线测试系统

1. IFA300 系统组成

美国 TSI 公司的 IFA300 热线流速仪为恒温流速仪，电桥具有为热线敏感原件所用的 300kHz 高频响应，通常情况下，空气湍流频率低于 300kHz，因此 IFA300 可以准确地测量湍流脉动。图 2-1 为 IFA300 热线流速仪的系统图，主要包括恒温电桥、自动频率最佳化模块（SMARTUNE）、高通滤波（high-pass filter）模块、数模转化（DAC）模块、偏置（offset）、增益（gain）、低通滤波（low-pass filter）模块、热电偶传感器（thermocouple temperature sensor）、热线传感器（hot-wire velocity

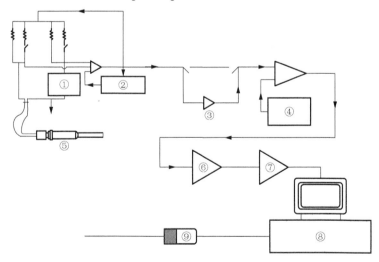

图 2-1　IFA300 热线流速仪的系统图

①工作电桥；②自动频率最佳模块；③高通滤波模块；④数模转化模块；⑤热线探针；⑥增益；
⑦低通滤波模块；⑧计算机；⑨热电偶

sensor）以及安装了 IFA300 热线处理软件的计算机系统。SMARTUNE 模块是 IFA300 热线流速仪的自动频率最佳化技术模块[92]，拥有该模块，流速仪就可以连续感受流动速度并自动调整流速计，实现最佳频率响应。需要指出的是，必须对所测流场的空间位置进行精确定位才能精确测量流动参数。

2. 热线探针

图 2-2 给出了 TSI-1210 和 TSI-1212 两种热线探针，探针头部材料为 5μm 直径的铂丝。由于每根探针的尺寸、材质、制造工艺、污染程度不同，并且所测流体的温度、黏性、密度也不同，因此热线探针在使用前必须进行校准。

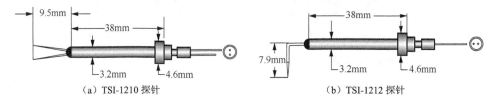

(a) TSI-1210 探针　　　　　　　(b) TSI-1212 探针

图 2-2　热线探针

2.1.3　壁面温度修正

当热线和壁面距离小于 25 倍热线直径时，壁面效应不能忽略[93]。通常，壁面效应随雷诺数的增大以及热线长径比的减小而减小。此外，该效应还与过热比、壁面材料、粗糙度以及探头的几何形状有关。本书采用的热线直径为 5μm，从壁面上方 0.3mm 处开始测量，热线与壁面的距离为热线直径的 60 倍，可以不考虑壁面影响。

2.2　PIV 测试技术

2.2.1　PIV 基本原理

粒子图像测速仪（particle image velocimetry，PIV）的基本原理是选择合适的示踪粒子播撒于流场中，以粒子速度代表其在流场内相应位置处流体的运动速度。使用脉冲激光照亮被测流场，再利用 CCD 相机抓取两次激光曝光的粒子场图像，经过图像互相关处理获得各个局部区域示踪粒子的平均位移，从而确定被测流场的速度分布。

如图 2-3 所示，被测流场中的示踪粒子在片光平面内运动，$x(t)$、$y(t)$ 分别为 x、y 方向的位移函数，则被测流场的速度可表示如下[94]：

$$u = \frac{\mathrm{d}x(t)}{\mathrm{d}t} \approx \frac{x_2 - x_1}{\Delta t} = \overline{u} \tag{2-6}$$

$$v = \frac{\mathrm{d}y(t)}{\mathrm{d}t} \approx \frac{y_2 - y_1}{\Delta t} = \bar{v} \tag{2-7}$$

式中，u、v 分别为 x、y 方向的瞬时速度；$\bar{u}$、$\bar{v}$ 分别为 x、y 方向的平均速度；Δt 为曝光时间间隔。当曝光时间间隔足够小，示踪粒子轨迹接近直线时，测量得到的速度 $\bar{u}$ 和 $\bar{v}$ 将反映流体的实际速度。在实际测量中，通过选择很小的 Δt 来实现以上要求。

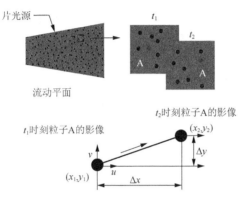

图 2-3 PIV 测速基本原理图

2.2.2 PIV 测速系统

根据 PIV 的工作原理和测速过程，PIV 系统可以分为三个子系统：成像系统、同步控制系统和图像分析系统。成像系统主要由激光器、片光源及 CCD 相机等组成，用于在流动中获取粒子图像。同步控制系统是整个 PIV 系统的控制中心，用于控制图像捕捉和激光脉冲秩序、脉冲间隔、帧数并实现外部触发等，其核心部件为同步器。图像分析系统包括帧抓取器和图像处理软件，帧抓取器将捕捉到的粒子图像数据存储到计算机内存中，利用软件分析图像获得速度场，并实时显示速度矢量场[95]。图 2-4 给出了典型的 PIV 系统图[96]。

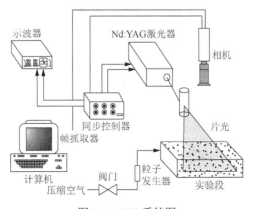

图 2-4 PIV 系统图

1. 成像系统

成像系统的主要任务是在流动中产生双曝光粒子图像场或两个单曝光粒子图像场，主要由光源、光导臂、片光光学元件、记录媒介和图像漂移部件组成。

1）激光器

PIV 系统使用的光源通常为激光。目前常用的激光光源有双脉冲红宝石激光、Ar-ion 激光、Nd:YAG 激光和 Rudy 激光。红宝石激光器的波长为 699nm，每一个脉冲宽度为 25ns，脉冲能量为 1～10J，脉冲间隔为 1μs～1ms，其优点为脉冲光能量大，但由于脉冲间隔调整范围有限，测量低速流动比较困难，并且再次充电时间较长，不能连续产生脉冲光。Nd:YAG 激光器的波长为 532ns，每个脉冲能量为 0.2J，脉冲宽度为 15ns，由于它可以发射连续的脉冲光，频率为 10Hz 或 50Hz，因此广泛应用于 PIV 系统。一般来说，PIV 系统采用两台 YAG 激光器，用外同步装置分别触发激光器以产生脉冲，然后利用光学系统将这两路光脉冲合并到一处，脉冲间隔在 1μs～1s 可调，能够实现从低速到高速流动的测量。

2）光导臂

光导臂是激光光束的传输系统，它是一个连接状臂型装置，可以灵活地传输 PIV 测量所需的片光源。光导臂主要由反射镜、精密轴承、转向节及连接管组成。

3）片光光学元件

片光光学元件包括柱面镜和球面镜组。准直过的光束通过柱面镜后在一个方向内发散，而球面镜组则用于控制片光的光腰位置，典型的片光在光腰处的厚度为 0.5～2mm。

4）记录媒介

记录媒介目前大多采用固态充电耦合装置，简称 CCD。常用的 CCD 分辨率为 2048×2048 和 4096×4096 两种。

5）图像漂移部件

图像漂移部件是解决方向模糊问题的光学部件，当流场中有反向流动存在时，根据原始照片无法判定成对粒子图像的发生顺序，而互相关法的"跨帧技术"可以很好地解决这一问题。

2. 同步控制系统

同步控制系统是整个 PIV 系统的控制中心，用于控制图像的捕捉和激光脉冲的秩序、脉冲间隔、帧数并实现外部触发等，其核心部件为同步器。图 2-5 给出了同步器控制各部件工作的时序图。

3. 图像分析系统

图像分析系统主要用于图像信息处理和速度场显示。在 PIV 图像处理技术中，一般将 CCD 图片划分成许多正方形小区域，即查问区。图像的相关处理在每一个查问区进行，根据每一块查问区内所有示踪粒子的加权平均速度得到完整查问区的流动速度信息。为了获得示踪粒子在两次曝光间隔内的位移，需要对两次曝光

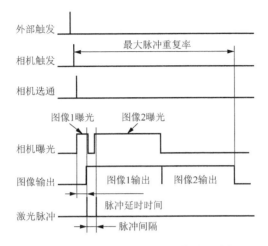

图 2-5 同步器控制各部件工作的时序图

时刻对应查问区的示踪粒子图像进行相关处理。目前比较常用的图像处理技术包括傅里叶变换法、自相关法和互相关法等。互相关法由于具有空间分辨率高、测量准确等优点，在 PIV 图像处理中得到广泛应用[97]。

2.2.3 示踪粒子的选择

选取合适的示踪粒子进行 PIV 测量时，首先应该保证示踪粒子对流体具有良好的跟随性。在一定条件下，可利用 BBO（Basset Boussinesq Oseen）方程描述粒子与流体的动力学特性[98]，其简化方程如下：

$$u_P = u_F \left(1 - e^{-t/T}\right) \tag{2-8}$$

$$T = \frac{\rho_P d_P^2}{18\mu} \tag{2-9}$$

式中，P 和 F 分别代表粒子与流体；μ 为黏性系数；d 为粒子直径；T 为迟滞时间，T 值越小越好。为了提高测量精度，要求粒子形状为球形，对激光具有较高的折射率，此外，还需要对示踪粒子的浓度进行控制。常见的示踪粒子有 TiO_2、Al_2O_3 和塑料球等[95]。

2.3 实验测试误差分析

2.3.1 热线测量误差分析

热线测量误差主要指各种输入参数对热线流速仪测量结果的直接影响，包括标定过程、A/D 转换以及环境条件变化等因素产生的影响[99]。

由任意一个输入变量引起的不确定度可以表示为

$$u(y_i) = \frac{1}{y_i} S\left(\frac{\Delta x_i}{k_i}\right) \tag{2-10}$$

式中，$S = \partial y_i / \partial x_i$ 为灵敏度系数；k_i 为与输入变量分布特性相关的常系数（分布特性可以是高斯分布、平均分布等）。速度测量的误差可记为

$$U_{\text{total}} = 2\sqrt{\sum\left(\frac{1}{k}\frac{1}{U}\Delta y_i\right)^2} \tag{2-11}$$

按照文献[100]中的公式分别计算标定过程、A/D 转换、环境温度变化和环境压力变化等的不确定度。

2.3.2 PIV 测量误差分析

PIV 测量速度的精度取决于粒子位移的测量精度和脉冲时间间隔的控制精度[101]。产生 PIV 测量误差的原因主要有以下几类。

随机误差：由 PIV 图像记录和分析的噪声引起的误差。

加速度误差：当流动存在加速度时，由粒子的拉格朗日速度导出测量点的欧拉速度时产生的误差。

速度梯度误差：当查询区域内流体存在变形、旋转时导致的误差。

系统误差：由相关峰值的计算方法引起，粒子形状不规则、尺寸不均匀以及 CCD 有限分辨率等都会影响相关峰值计算的准确性。

跟随性误差：由粒子的跟随性不佳引起的误差。

以上误差中，有些可以通过选择恰当的粒子及其播撒密度来减少，有些误差则无法避免，如速度梯度。通常，PIV 的测量误差在 0.5%～5%。

2.4　数值研究方法

2.4.1　湍流流动的数值研究方法

湍流是一种在自然界中广泛存在的不规则流动现象，在工程技术领域也很常见。其核心特征是在物理上具有近乎无穷多的尺度，在数学上呈现强烈的非线性，因此要彻底认识湍流非常困难。随着计算流体动力学的发展，特别是高精度计算方法的提出和网格生成技术的发展，人们已经能够通过数值方法对湍流进行模拟，并取得与实际比较吻合的结果。目前，湍流的数值模拟方法大致分为三种：直接数值模拟、大涡模拟方法及雷诺时均方法[102]，下面分别进行简要介绍。

1. 直接数值模拟

直接数值模拟（direct numerical simulation，DNS）方法采用瞬时 N-S 方程对湍流进行计算，抛弃了湍流输运系数的概念，直接建立湍流应力和其他二阶关联量的输运方程。其最大优点是无需对湍流作任何简化或近似，理论上可以获得准

确的计算结果。DNS 方法的主要困难在于湍流脉动中包含不同尺度的涡运动，最大尺度与平均运动的特征长度相当，而最小尺度则取决于黏性耗散的大小，即定义的微尺度。湍流中大尺度涡和小尺度涡之间的比值随雷诺数的上升而迅速增大。当流动雷诺数较大时，湍流尺度的谱域很宽，只有当网格数达到 Re^3 的数量级时，才能保证足够的分辨率。因此，DNS 方法在湍流研究中受到内存空间和计算速度的限制，目前还无法用于真正意义上的工程计算。

2. 大涡模拟方法

大涡模拟（large-eddy simulation，LES）方法是介于雷诺时均方法和直接数值模拟之间的方法。大涡模拟方法放弃了在全尺度范围对涡运动进行模拟，而是采用 N-S 方程直接计算比网格尺度大的湍流运动，至于小尺度涡对大尺度运动的影响则通过建立模型来模拟。相比雷诺时均方法，采用大涡模拟方法更容易建立普适通用的湍流模型，能够得到精度相当高的真实瞬态流场，并且有可能对分离、转捩等重要流动现象作出准确预测。

3. 雷诺时均方法

雷诺时均方法（Reynolds averaged navier-stokes，RANS）是工程中广泛应用的湍流数值模拟方法。该方法首先对非稳态的质量、动量和能量输运方程进行时间平均，得到一组关于时均物理量的控制方程。但由于方程组中出现了脉动量乘积的时均值等未知量，因此方程个数小于未知量个数。为了使方程组封闭，必须建立湍流模型，通过模型将高阶未知量的时间平均值表示成计算中可以确定的低阶量的函数。RANS 方法只分辨湍流的平均运动，不计算各种尺度的湍流脉动，因而抹去了湍流中包含许多重要信息的脉动量。并且，各国学者虽然发展出许多湍流模型，但所有模型均不具有普适性，因此采用 RANS 方法研究湍流机理有一定的局限性。

4. 湍流数值方法的选择

雷诺时均方法对湍流脉动等因素进行模化，大大节省了计算工作量，所以在三种方法中最为经济，但是其对湍流脉动的模化有损于计算精度，并且很难反映流场随机性特征和真正的瞬时流动状态。大涡模拟方法恰好可以弥补雷诺时均方法的缺陷，虽然大涡模拟方法对计算机内存及 CPU 速度的要求较高，但其计算量远小于直接数值模拟方法，所得湍流信息量又比雷诺时均方法丰富，因此大涡模拟方法更适于进行较复杂的湍流流动分析。

2.4.2 大涡模拟方法

1. 大涡模拟方法的基本思想

根据湍流涡旋理论可知，湍流脉动与混合主要是由各种不同尺度的涡造成的，大尺度涡从主流中获得能量，几乎包含所有的湍动能，对平均流动影响较大，各种变量的湍流扩散、热量、质量和能量的交换以及雷诺应力的产生都是通过大尺度涡来实现的。大尺度涡是高度各向异性的，并且随着流动状况的不同而不同[103]，它们通过相互作用将能量传递给小尺度涡。小尺度涡对能量起耗散作用，几乎是各向同性的，而且不同流动中的小尺度涡有许多共性。大涡模拟方法正是在上述认识的基础上提出的，其基本思想是通过某种滤波方法将包括脉动运动在内的湍流瞬时运动分解成大尺度涡和小尺度涡，应用运动微分方程直接模拟大尺度涡，但不直接计算小尺度涡。小尺度涡对大尺度涡的影响在运动方程中表现为类似于雷诺应力的应力项，称为亚格子雷诺应力。亚格子雷诺应力是不可解小尺度脉动与可解尺度之间的动量交换，它和依赖于流动边界的大尺度脉动的相关性很小，因此合理的亚格子模型具有较高的普适性[104]。尽管大涡模拟方法在完全模拟大尺度涡的基础上忽略了小尺度涡，对计算机内存和速度的要求有所降低，但仍然需要相当大的计算资源。

2. 湍流脉动的滤波

大涡模拟方法的基本思想是直接计算大尺度运动，对小尺度运动只做模型假定。因此该方法的第一步就是将一切流动变量划分为大尺度量和小尺度量，并过滤掉小尺度脉动，这一过程称为滤波[102]。

设 $f(x,t)$ 是任意瞬时的流动变量，其大尺度量可以通过在物理空间区域上的加权积分来表示：

$$\bar{f}(x,t) = \int f(x',t) G(x-x',t,\Delta_f) \mathrm{d}x' \tag{2-12}$$

式中，权函数 $G(x-x',t,\Delta_f)$ 也称为滤波函数，Δ_f 为滤波宽度。

瞬时量与大尺度量之差为

$$f' = f - \bar{f} \tag{2-13}$$

该差值反映了小尺度运动对 f 的贡献，称为 f 的亚格子分量，或小尺度量。

常用的滤波函数有以下 3 种。

（1）Deardorff 盒式滤波。取滤波函数为

$$G(x-x',t,\Delta_f) = \begin{cases} \dfrac{1}{\Delta x_1 \Delta x_2 \Delta x_3}, & |x_i'-x_i| \leqslant \dfrac{\Delta x_i}{2}, \quad i=1,2,3 \\ 0, & |x_i'-x_i| > \dfrac{\Delta x_i}{2}, \quad i=1,2,3 \end{cases} \tag{2-14}$$

式中，x_i 为任一网格节点的坐标；Δx_i 为第 i 方向的网格尺度。大尺度量 $\bar{f}$ 实际上是以 x_i 为中心的长方体单元（Box）上的体积平均值，故这种滤波方法称为 Box 方法。这种方法实施起来比较容易，但其傅里叶变换在某些区间存在负值，并且由于滤波函数在单元边界处的间断性，很难进行微分运算。

（2）傅氏截断滤波器。傅氏截断滤波器实际上是 Box 滤波器在谱空间的翻版，方法是令高波数的脉动等于零。其在谱空间的数学表达式为在傅里叶展开式中截去所有波数绝对值高于 K_0 的分量，即谱空间的滤波函数为

$$\hat{G}(k) = \begin{cases} 1, & |k| \leqslant K_0 \\ 0, & |k| > K_0 \end{cases} \quad (2\text{-}15)$$

其在物理空间对应的滤波函数为

$$G(x) = \frac{1}{\sqrt{2\pi}} \int_{-\infty}^{+\infty} \hat{G}(k) \mathrm{e}^{-\mathrm{i}kx} \mathrm{d}k \quad (2\text{-}16)$$

采用该方法时，其傅里叶变换在某些区间内也会存在负值，滤波函数同样难以进行微分运算。

（3）高斯型滤波器。取滤波函数为

$$G(x - x', t, \Delta_f) = \prod_{i=1}^{3} \left(\frac{6}{\pi \Delta^3} \right)^{1/2} \exp\left[-\frac{6(x_i - x_i')^2}{\Delta^2} \right] \quad (2\text{-}17)$$

其傅里叶变换也是高斯型函数。此方法在物理空间和谱空间都具有良好的性能，可以进行任意次微分。

以上 3 种过滤器中，高斯滤波器性能最好，但计算量很大，目前应用较多的是盒式滤波和傅氏滤波器。

经过滤波后，湍流速度可以分解为低通脉动 $\bar{u}_i$ 和剩余脉动 u_i' 之和，即

$$u_i = \bar{u}_i + u_i' \quad (2\text{-}18)$$

低通脉动可以直接解出，因此称为可解尺度脉动，剩余脉动则称为不可解尺度脉动或亚格子尺度脉动。

3. 大涡模拟的控制方程

将 Deardorff 的盒式滤波方法应用于 N-S 方程，即

$$\frac{\partial \bar{u}_i}{\partial x_i} = 0 \quad (2\text{-}19)$$

$$\frac{\partial \bar{u}_i}{\partial t} + \frac{\partial}{\partial x_j}\left(\overline{u_i u_j} \right) = -\frac{1}{\rho} \frac{\partial \overline{p}}{\partial x_i} + \nu \frac{\partial^2 \bar{u}_i}{\partial x_j \partial x_i} \quad (2\text{-}20)$$

式中，$\overline{u_i u_j} = \overline{(\bar{u}_i + u_i')(\bar{u}_j + u_j')} = \overline{\bar{u}_i \bar{u}_j} + \overline{\bar{u}_i u_j'} + \overline{u_i' \bar{u}_j} + \overline{u_i' u_j'}$。其中第一项为完全依赖于流场得到的大尺度分量，可通过方程组直接计算出来。后面三项包括小尺度量，这三项之和称为亚格子雷诺应力。

$$R_{ij} = \overline{\bar{u}_i u_j'} + \overline{u_i' \bar{u}_j} + \overline{u_i' u_j'} \quad (2\text{-}21)$$

亚格子雷诺应力 R_{ij} 与雷诺应力相仿，是被过滤掉的小尺度脉动同大尺度脉动间的动量输运。

采用盒式方法进行滤波，所有大尺度量都定义在网格节点上，可以认为大尺

度分量在以网格节点为中心的长方体单元上为常数，而在单元边缘则是间断的。若在单元体上再进行一次滤波运算，可得

$$\overline{\overline{u}}_i = \overline{u}_i \text{ 和 } \overline{u'_i} = 0 \tag{2-22}$$

于是有 $\overline{\overline{u}_i \overline{u}_j} = \overline{u}_i \overline{u}_j$，$\overline{\overline{u}_i u'_j} = \overline{u'_i \overline{u}_j} = 0$，则

$$R_{ij} = \overline{u'_i u'_j} \tag{2-23}$$

式（2-23）为亚格子雷诺应力张量的简化形式，因此，大涡模拟的运动方程在形式上与普通的雷诺时均运动方程相同。

通常将亚格子雷诺应力张量分解为一个对角线张量和一个迹为零的张量之和。

$$R_{ij} = \left(R_{ij} - \frac{1}{3}\delta_{ij}R_{kk} \right) + \frac{1}{3}\delta_{ij}R_{kk} = -\tau_{ij} + \frac{1}{3}\delta_{ij}R_{kk} \tag{2-24}$$

式中

$$\tau_{ij} = -R_{ij} + \frac{1}{3}\delta_{ij}R_{kk} \tag{2-25}$$

将对角线张量与压力项合并，可定义为修正压力：

$$p = \frac{\overline{p}}{\rho} + \frac{1}{3}\delta_{ij}R_{kk} \tag{2-26}$$

于是滤波后的 N-S 方程可写为

$$\frac{\partial \overline{u}_i}{\partial t} + \frac{\partial}{\partial x_j}\left(\overline{u}_i \overline{u}_j \right) = -\frac{\partial p}{\partial x_i} + \nu \frac{\partial^2 \overline{u}_i}{\partial x_j \partial x_i} + \frac{\partial \tau_{ij}}{\partial x_j} \tag{2-27}$$

要进行大涡模拟，就必须构造亚格子应力的封闭模型。引入封闭模型后，将式（2-27）与连续方程 $\frac{\partial \overline{u}_i}{\partial x_i} = 0$ 联立即可构成大涡模拟的控制方程组。

4. 亚格子应力模型

亚格子雷诺应力是大涡模拟方程中的不封闭量，需要建立模型。目前，使用最为广泛的亚格子应力模型为涡黏模型：

$$\tau_{ij} - \frac{1}{3}\delta_{ij}R_{kk} = -2\mu_t \overline{S}_{ij} \tag{2-28}$$

式中，μ_t 为亚格子湍流黏性系数；$\overline{S}_{ij}$ 为亚格子尺度的应变率张量，定义为

$$\overline{S}_{ij} = \frac{1}{2}\left(\frac{\partial \overline{u}_i}{\partial x_j} + \frac{\partial \overline{u}_j}{\partial x_i} \right) \tag{2-29}$$

通常采用 Smagorinsky-Lilly 模型求解 μ_t，该模型是亚格子模型的基础，由 Smagorinsky[105]提出并由 Lilly[106]进一步完善。亚格子湍流黏性系数采用如下方式模化：

$$\mu_t = \rho L_s^2 \left| \overline{S} \right| \tag{2-30}$$

式中，$\left| \overline{S} \right| = \sqrt{2\overline{S}_{ij}\overline{S}_{ij}}$；$L_s$ 为亚格子混合长度，使用如下公式计算：

$$L_s = \min\left(kd, C_s V^{1/3}\right) \tag{2-31}$$

式中，C_s 为 Smagorinsky 常数；k 为 von Karman 常数；d 为到最近壁面的距离；V 为计算单元的体积。

Lilly 指出，惯性子区中均匀各向同性湍流 C_s 值大致为 0.18[106]，然而该值在流场过渡区或平均剪切力出现时可能引起较大尺度的阻尼振动，因此大多数研究认为，对于一般性流动，C_s 取 0.1 即可提供理想的结果。Smagorinsky 模型的缺点是 C_s 值不为常数，其取值受雷诺数、流型及数值离散方法等多种因素的影响，实际使用中需要调试以获取最优值。

2.4.3 雷诺时均方法

雷诺时均方法是目前工程中广泛使用的湍流数值模拟方法。2005 年，Hanjalic[107]指出，尽管计算机技术和大涡模拟方法的快速发展将使大涡模拟方法的应用更加广泛，但雷诺时均方法至少在近几十年内仍将是工程中使用的主要方法。

1. 时均物理量

按照雷诺时均方法，流动变量 ϕ 的时间平均定义为

$$\overline{\phi} = \frac{1}{\Delta t} \int_t^{t+\Delta t} \phi \mathrm{d}t \tag{2-32}$$

式中，Δt 相对于湍流的随机脉动周期应足够大，而相对于流场的各种缓慢变化周期来说应足够小。

变量的瞬时值 ϕ、时均值 $\overline{\phi}$ 和脉动值 ϕ' 之间的关系为

$$\phi = \overline{\phi} + \phi' \tag{2-33}$$

2. 雷诺时均控制方程

对不可压缩流体流动的控制方程进行雷诺时均运算，可得

$$\frac{\partial \overline{u}_i}{\partial x_i} = 0 \tag{2-34}$$

$$\frac{\partial \overline{u}_i}{\partial t} + \frac{\partial \left(\overline{u}_i \overline{u}_j\right)}{\partial x_j} = -\frac{\partial \overline{p}}{\partial x_i} + \frac{\partial}{\partial x_j}\left(\gamma \frac{\partial \overline{u}_i}{\partial x_j} - \overline{u_i' u_j'}\right) \tag{2-35}$$

3. 湍流模型

为了使雷诺时均方程封闭，需要对雷诺应力项建立模型，这是雷诺时均方法的核心内容。常用的湍流模型有涡黏模型（eddy viscosity model，EVM）和雷诺应力模型（Reynolds stress model，RSM）。

（1）涡黏模型。涡黏模型采用 Boussinesq 假设，将雷诺应力表示成湍流黏性系数的函数。常用的两方程涡黏湍流模型有 Realizable k-ε 湍流模型[108]、RNG k-ε 湍流模型[109]、SST（shear stress transport）湍流模型[110]、SST+γ-Re$_\theta$ 转捩模型、Transition k-kl-ω 模型等。2006 年，Menter 等[111]发展了 γ-Re$_\theta$ 转捩模型，建立了间歇因子（γ）和以转捩起始动量损失厚度为特征长度的雷诺数（Re$_\theta$）等两个变量的输运方程：

$$\frac{\partial(\rho\gamma)}{\partial t}+\frac{\partial(\rho u_j \gamma)}{\partial x_j}=P_{\gamma 1}-E_{\gamma 1}+P_{\gamma 2}-E_{\gamma 2}+\frac{\partial}{\partial x_j}\left[\left(\mu+\frac{\mu_t}{\sigma_f}\right)\frac{\partial\gamma}{\partial x_j}\right] \quad (2\text{-}36)$$

$$\frac{\partial(\rho\tilde{\mathrm{Re}}_{\theta t})}{\partial t}+\frac{\partial(\rho u_j \tilde{\mathrm{Re}}_{\theta t})}{\partial x_j}=P_{\theta t}+\frac{\partial}{\partial x_j}\left[\sigma_{\theta t}(\mu+\mu_t)\frac{\partial\tilde{\mathrm{Re}}_{\theta t}}{\partial x_j}\right] \quad (2\text{-}37)$$

式中，$P_{\gamma 1}$、$E_{\gamma 1}$ 为转捩源项；$P_{\gamma 2}$、$E_{\gamma 2}$ 为逆转捩源项；μ、μ_t 分别为分子黏性系数和涡黏性系数；$P_{\theta t}$ 为动量厚度雷诺数源项。对 γ-Re$_\theta$ 转捩模型更为详细的描述参见文献[111]。该转捩模型同 SST 湍流模型结合，实现了转捩模型和湍流模型的耦合：

$$\frac{\partial(\rho k)}{\partial t}+\frac{\partial(\rho u_j k)}{\partial x_j}=\tilde{P}_k-\tilde{D}_k+\frac{\partial}{\partial x_j}\left[(\mu+\sigma_k \mu_t)\frac{\partial k}{\partial x_j}\right] \quad (2\text{-}38)$$

$$\frac{\partial(\rho\omega)}{\partial t}+\frac{\partial(\rho u_j \omega)}{\partial x_j}=\alpha\frac{P_k}{\upsilon_t}-D_\omega+Cd_\omega+\frac{\partial}{\partial x_j}\left[(\mu+\sigma_k \mu_t)\frac{\partial\omega}{\partial x_j}\right] \quad (2\text{-}39)$$

$$\tilde{P}_k=\gamma_{\mathrm{eff}}P_k \quad (2\text{-}40)$$

$$\tilde{D}_k=\min\left[\max(\gamma_{\mathrm{eff}},0.1),\,1.0\right]D_k \quad (2\text{-}41)$$

式中，P_k 和 D_k 分别为湍动能产生项和耗散项；γ_{eff} 为有效间歇因子。

（2）雷诺应力模型。雷诺应力模型直接对雷诺应力（$-\rho\overline{u_i' u_j'}$）输运方程进行求解，该模型可以考虑流线曲率、旋涡、转动及应变率的强烈变化，因此被认为是最有潜力对复杂流动进行准确模拟的湍流模型。

2.5　湍流相干结构的涡识别

2.5.1　湍流相干结构的涡识别简述

湍流的运动并非完全随机，其中存在一些非随机的相干结构，这为研究湍流提供了新的角度，是近代湍流研究的重大进展之一[112]。

相干结构又称为拟序结构，在各种湍流系统中广泛存在（如圆柱绕流中的卡门涡街）。Robinson[113]将相干结构定义为：在流动的三维区域中，至少有一个基本变量（速度、密度、温度等）在一定的时空范围内与其自身或其他变量显著相关，而且该时空范围远大于流动的最小局部尺度。

对湍流边界层相干结构的研究始于 20 世纪初，当时仅在边界层外区发现存在大量的非随机现象，其后人们逐渐认识到，在湍流边界层中也存在大量高度有序的相干结构。Kline 等[114]利用氢气泡和色线流动显示技术对湍流边界层进行了实验研究，发现了湍流近壁区的条带结构，并定量测量了条带间距，这是关于相干结构的标志性研究。相干结构的发现使人们认识到湍流脉动不是完全不规则的随机过程，而是在不规则的脉动中包含可辨认的、有序的大尺度运动。这种有序的大尺度运动随机地出现在切变湍流中，是湍动能产生的主要中介[112]。

相干结构可以通过高涡量值来识别。例如，Comte 等[115]基于涡量等值面详细分析了混合层中流向涡的动力学特征。但是在包含壁面的流场中，无滑移条件所产生的平均剪切作用通常比近壁典型的涡强度高出很多，即壁面附近的相干涡结构很容易被壁面上因黏性引起的涡结构掩盖。因此，面对各种各样的流动类型，有必要寻找一种更好的方式从剪切流中识别相干结构。

2.5.2 速度梯度张量第 2 不变量——Q 定义

流场中一点附近的流线几何形状可以通过对该点的变形率张量（速度梯度张量）不变量来划分[116,117]。具体推导过程如下。

在流场中任选一点 O，对该点每一个速度分量 u_i 在 O 点按空间坐标展开，可得

$$u_i = \dot{x}_i = A_i + A_{ij}x_j + A_{ijk}x_jx_k + \cdots \tag{2-42}$$

则在 O 点的一阶点态（pointwise）线性逼近为

$$u_i = \dot{x}_i = A_i + A_{ij}x_j \tag{2-43}$$

如果 O 点位于临界点，零阶项 $A_i = 0$，则 $A_{ij} = \partial_j u_i$ 即为速度梯度张量（$\boldsymbol{A} = \nabla \boldsymbol{u}$），从 A_{ij} 的特征方程可知

$$\det(\boldsymbol{A} - \lambda \boldsymbol{I}) = 0 \tag{2-44}$$

$$\lambda^3 + P\lambda^2 + Q\lambda + R = 0 \tag{2-45}$$

式中，$P = -\mathrm{tr}(\boldsymbol{A})$；$Q = \dfrac{1}{2}\left[\mathrm{tr}(\boldsymbol{A})\right]^2 - \mathrm{tr}(\boldsymbol{A}^2)$；$R = -\det(\boldsymbol{A})$。

P、Q、R 分别为速度梯度张量的第 1、2、3 不变量，它们是与坐标系无关的标量。对于不可压缩流体，由连续性可知 $P = 0$，则式（2-45）变为

$$\lambda^3 + Q\lambda + R = 0 \tag{2-46}$$

式（2-46）有 3 个特征根，决定局部流动图形拓扑性质的特征值 λ 由剩下的两个非零不变量 Q 和 R 的值决定。A_{ij} 的判别式定义如下：

$$D = \left(\frac{R}{2}\right)^2 + \left(\frac{Q}{3}\right)^3 \tag{2-47}$$

当 $D>0$ 时，式（2-46）有一个实数解和两个共轭的复数解（焦拓扑）；当 $D\leqslant0$ 时，式（2-46）有 3 个实数解（节点-鞍点-鞍点拓扑）。

根据一点在二维 Q-R 平面内的位置，可以采用速度梯度张量的两个非零不变量描述三维流场中每一点的拓扑[118]。

速度梯度张量可以分解为对称和反对称两部分：

$$A_{ij}=S_{ij}+W_{ij} \tag{2-48}$$

式中

$$S_{ij}=\frac{1}{2}\left(\partial_j u_i+\partial_i u_j\right) \tag{2-49}$$

$$W_{ij}=\frac{1}{2}\left(\partial_j u_i-\partial_i u_j\right) \tag{2-50}$$

S_{ij} 为应变率张量（对应于纯粹的无旋运动）；W_{ij} 为旋转率张量（对应于纯粹的旋转运动）。A_{ij} 的第 2 不变量 Q 可写为

$$Q=\frac{1}{2}\left(W_{ij}W_{ij}-S_{ij}S_{ij}\right) \tag{2-51}$$

式中，$W_{ij}W_{ij}$ 与拟涡能密度成正比；$S_{ij}S_{ij}$ 与动能的耗散率成正比。当 Q 为正且较大时，旋转率控制应变率，当 Q 为负且绝对值较大时，旋度很小，应变率很大并与耗散速率成正比。

Chong 等[116,117]指出，涡核是速度梯度张量不变量 ∇u 的复特征值区域；Hunt 等[119]则提出了更加严格的标准，定义涡区域满足正的 ∇u 第二不变量，即 $Q>0$ 的区域，同时要求压力显著低于周围区域的压力。Zhou 等[120]提出了速度梯度张量对复特征值虚部的可视化等值面标准，可以描绘局部涡强度。

2.5.3　Hessian 矩阵分析法——λ_2 定义

Jeong 和 Hussain[121]提出了一种考虑压力极小值问题的湍流相干结构涡判定方法。这种方法假设湍流中的涡结构通常与垂直于涡轴的平面上的压力局部极小值有关。

压力局部极值信息可由压力的 Hessian 矩阵获得，需要考虑 N-S 方程的梯度：

$$\partial_t A_{ij}+u_k\partial_k A_{ij}+A_{ik}A_{kj}=-\frac{1}{\rho}\partial_i\partial_j p+v\partial_k\partial_k A_{ij} \tag{2-52}$$

式（2-52）可以分解为对称部分和非对称部分，考虑式（2-52）的对称部分：

$$\frac{DS_{ij}}{Dt}-v\partial_k\partial_k S_{ij}+B_{ij}=-\frac{1}{\rho}\partial_i\partial_j p \tag{2-53}$$

式中

$$B_{ij}=S_{ik}S_{kj}+W_{ik}W_{kj} \tag{2-54}$$

D/Dt 是物质导数算子；S 和 W 是张量 A 的对称和反对称部分。压力局部极小值的存在要求张量有两个正的特征值，张量 B 从结构上看是对称的，其所有特征值都是实数且 $\lambda_1 < \lambda_2 < \lambda_3$，所以涡可以定义为 $\lambda_2 < 0$ 的流动连通区域。

该方法通过张量 $S^2 + W^2$ 是否具有两个负特征值的连通域来辨别涡核，其中 S 为应变率张量，W 为旋转率张量，这种方法被称为 λ_2 定义。根据 λ_2 定义可以较好地识别流场中的三维涡结构。

2.6　结　　论

本章主要介绍了流动控制研究中常采用的实验测试技术和数值研究方法。实验部分阐述了热线流速测试技术和 PIV 测试技术的原理及系统，数值部分介绍了大涡模拟方法和雷诺时均方法，同时讨论了湍流相干结构的涡识别方法和原理。

3 基于涡旋射流的主动流动控制技术研究

涡旋射流（VGJs）是一种全三维、非稳态并具有高度湍流特性的复杂流动，既有工程应用背景，又有重要的理论研究价值。国内外研究人员一直在努力探索涡旋产生的机理以及如何将之高效地运用于工程实际，但目前尚有许多研究工作需要进一步开展。另外，涡旋射流非定常涡结构的形成机理及演化过程的实验和数值研究尚需要充实。

本章以工业上广泛使用的圆锥扩压器和矩形扩压器为研究对象，采用 PIV 测试技术和大涡模拟方法对涡旋射流瞬时流场、涡旋结构以及涡旋射流控制扩压器流动分离进行了研究，揭示了流场中各种涡结构的产生机理和演化特征，通过对比流动控制效果，探讨了不同射流方式下涡旋射流控制流动分离的物理机制。

3.1 涡旋射流控制扩压器流动分离的实验研究

本节利用 PIV 测试技术对带有涡旋射流的圆锥扩压器和矩形扩压器内部流动进行了研究，主要包括以下两部分内容。

（1）涡旋射流控制圆锥扩压器的气动性能实验：测量了多种工况下扩压器的气动性能，对比了不同雷诺数、射流速度比、射流孔数及射流流率等参数对圆锥扩压器流动分离控制效果的影响。

（2）涡旋射流控制扩压器流动分离的 PIV 实验：测量了扩压器特征截面的速度和涡量分布，研究了不同射流速度比下，流场中反向涡对、绕流分离涡、马蹄涡系及尾迹涡的结构形式和形成机理。

3.1.1 涡旋射流控制圆锥扩压器流动分离的实验研究

1. 实验台设计及系统

1）实验台概貌

图 3-1 为涡旋射流控制扩压器流动分离的实验系统，主要由风源管路、实验件装置、测量系统和数据采集系统组成。

在主气流管路中安装了气流整流段，筒体内设置阻尼网和蜂窝器以使气流稳定。筒体后端是按照维氏曲线设计的收敛器，收敛至实验件入口。射流采用主气流管路旁通方式供气，通过一台小型旋涡气泵提升气体动能。实验件是截面为圆形的钢制扩压器，扩压器前端为具有多个射流孔的射流装置，可以根据实验条件单独关闭或开启。采用压力变送器测量气流压力，测量精度为最大量程的 0.075%，使用标准孔板流量计和涡轮流量计分别测量主气流及射流流量，温度测量则选用热电偶进行。

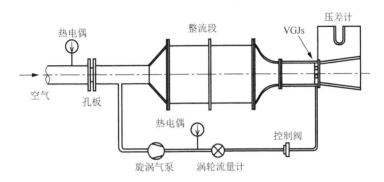

图 3-1   涡旋射流控制扩压器流动分离实验系统图

2）吹风系统设计

图 3-2 所示的吹风系统管路本体是扩压器流动分离实验台的重要部件，管路系统主要包括直管段、扩压段、整流筒体和收缩段。其中，锥形扩压段用于降低来自风机的高速气流速度；整流部分为长 800mm、直径 360mm 的直段筒体，筒体内安装蜂窝器和阻尼网以稳定气流，提高来流均匀性；收敛器型线基于理想不可压缩轴对称流动特性、采用维氏公式进行设计。

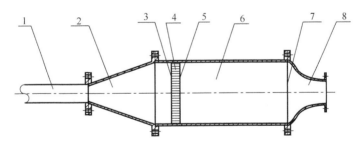

图 3-2   吹风系统本体结构示意图

1-直管段；2-扩压段；3-阻尼网Ⅰ；4-蜂窝器；5-阻尼网Ⅱ；6-整流筒体；7-阻尼网Ⅲ；8-收缩段

3）扩压器实验段设计

图 3-3 给出了带有涡旋射流发生器的圆锥形扩压器流动分离实验装置结构，图 3-4 为涡旋射流发生器布置及主要参数示意图。

实验段进口直径 $D = 125$ mm，实验段总长为 $4.33D$，其中直管段长度为 $1.89D$，扩张段长度为 $2.44D$。扩压器的扩张角为 $14°$。在扩压器直管段外壁面沿周向均匀布置了 8 个涡旋射流发生器，射流发生器到扩张段进口的距离为 $0.32D$，每个射流发生器均可以单独开启和关闭。射流发生器为圆截面管道，射流管孔径 $d=$ 6mm，管长 $l = 8d$。实验采用的射流倾斜角为 $30°$、偏斜角为 $90°$。

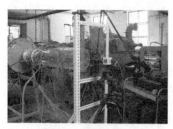　　　　

（a）实验装置整体　　　　　　　（b）圆锥扩压器实验段

图 3-3　涡旋射流控制圆锥扩压器流动分离实验装置图

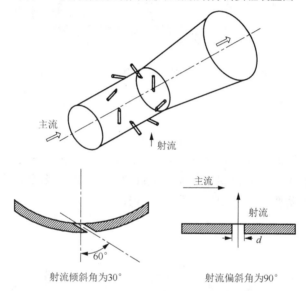

图 3-4　涡旋射流发生器布置及主要参数示意图

4）实验测量系统

（1）流量测量。采用 BYM 型标准孔板测量主流管路中的空气流量，依据带补偿的标准孔板流量计计算方程可以得到实际测量温度下的体积流量。射流气体引自主流管路的旁通，由一台 HG-750 旋涡气泵进行加速，采用 LWQ-25 型涡轮流量计测量流量。

（2）压力测量。在扩压器的进口和进口前端分别布置 4 个壁面静压测孔，在出口和出口延伸段分别布置 8 个壁面静压测孔。静压孔连接到汇流排后，使用美国 Rosemount 公司生产的 3051 型智能压力变送器测量。

（3）温度测量。实验中主流和射流空气的温度测量均使用热电偶，压力、压差和温度等信号由 IMP 数据检测与控制系统采集处理。采用多次测量取平均值的方法消除测量的随机误差。

2. 气动特性实验研究

1）实验参数与工况

实验研究主要针对涡旋射流的配置对扩压器气动性能影响较大的工况。表 3-1 给出了涡旋射流控制圆锥扩压器流动分离的气动性能实验相关参数。实验过程中主、射流管径及射流安装角保持不变，通过改变主流流速、射流孔数、射流速度比等研究涡旋射流各参数对扩压器气动性能的影响，并与无涡旋射流控制的工况进行对比。主流进口雷诺数定义为 $Re = U_\infty D / v$，其中 U_∞ 为扩压器进口速度，D 为扩压器进口管径。VR 为射流与主流的速比。

表 3-1 涡旋射流控制圆锥扩压器流动分离的气动性能实验工况

参数	试验 1 组			试验 2 组	
射流倾斜角 α /（°）	30			30	
射流偏斜角 β /（°）	90			90	
射流管径 d/mm	6			6	
扩压器进口管径 D/mm	125			125	
扩压器扩张角 2φ /（°）	14			14	
射流管数 n	4		2	4	8
主流雷诺数 Re	66160	82700	99240	82700	
射流速度比 VR	0.5~3.5		1~3.5	0.5~3.5	0.4~3.5

2）实验结果与分析

扩压器的气动性能采用压力恢复系数 C_p 来描述，定义为[122]

$$C_p = \frac{2(p_2 - p_\infty)}{\rho U_\infty^2} \qquad (3-1)$$

式中，p_2 为扩压器出口静压；p_∞ 为扩压器进口静压；U_∞ 为扩压器进口速度。

图 3-5 给出了不同雷诺数 Re 和射流速度比 VR 下，涡旋射流对扩压器气动性能的影响（Re=66160，82700，99240，VR=1，2，3）。从图中可以看出，当 VR 小于 1.5 时，涡旋射流工况的压力恢复系数 C_p 小于无涡旋射流工况，说明涡旋射流在 VR 较小时没有起到流动控制的作用。但当 VR 大于 1.5 后，涡旋射流工况的 C_p 则随着射流速度比的增大而增大，流动控制效果明显。此外，在不同的雷诺数下，不同射流速度比对流动控制效果的影响也有所不同。

图 3-6 给出了不同射流孔数下，C_p 随 VR 的变化情况。对于三种不同的射流孔数，C_p 均随着 VR 的增大而增大。当 VR 小于 1.5 时，涡旋射流工况的压力恢复系数 C_p 小于无涡旋射流工况，说明涡旋射流基本没有起到控制作用；当 VR 大于 1.5 时，扩压器气动性能得到明显改善，并且在相同 VR 工况下，射流孔数越多，控制效果越好。

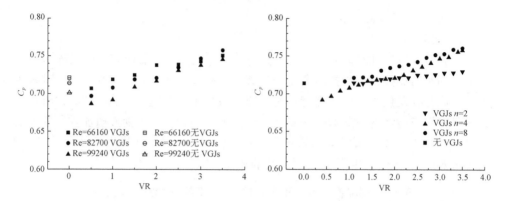

图 3-5　不同雷诺数下 C_p 随 VR 的变化规律　　图 3-6　不同射流孔数下 C_p 随 VR 的变化规律

图 3-7 所示为三种射流孔数下,圆锥扩压器的压力恢复系数 C_p 随 Q_j/Q_m 变化,其中, Q_j、Q_m 分别为射流和主流的体积流量。从图中可以看出,各工况 C_p 均随着 Q_j/Q_m 的增大而增大,并且在可比较的范围内,当 Q_j/Q_m 不变时, C_p 与射流孔数成反比,若射流流量一定,则采用较少的射流孔数可使控制效果更为明显。上述结果也从另一角度证明,利用涡旋射流对扩压器内流动分离进行控制时,射流流量是影响控制效果的关键因素。

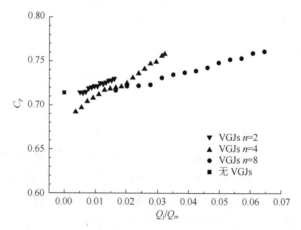

图 3-7　不同射流孔数下 C_p 随 Q_j/Q_m 的变化规律

由于 VR 和 Q_j/Q_m 的增大是通过向扩压器中引入附加能量来实现的,因此,还应从能量消耗的角度,采用损失系数来评价射流孔布置对控制效果的影响。根据伯努利(Bernoulli)方程可得

$$p_1 + \frac{Q_m - Q_j}{Q_m}\frac{\rho}{2}\left(\frac{Q_m - Q_j}{A_m}\right)^2 + \frac{Q_j}{Q_m}\frac{\rho}{2}\left(\frac{Q_j/n}{A_j}\right)^2 = p_2 + \Delta p \qquad (3\text{-}2)$$

式中, p_1 为扩压器进口静压; p_2 为扩压器出口静压; A_m 和 A_j 分别为扩压器进口面

积和射流孔面积。

定义 ζ 为扩压器压力损失系数[123]，即

$$\zeta = \Delta p \big/ \big(\rho \bar{u}_1^2 \big/ 2\big) = \big(1 - Q_j \big/ Q_m\big)^3 + \big(D/d\big)^4 \big(Q_j \big/ Q_m\big)^3 \big/ n^2 - C_p \quad (3\text{-}3)$$

图 3-8 和图 3-9 分别给出了不同射流孔数下，圆锥扩压器损失系数随 VR 和 Q_j / Q_m 的变化规律。从图中可以看出，与没有采用涡旋射流进行控制的工况相比，在一定的 VR 和 Q_j / Q_m 范围内，引入涡旋射流对分离流动进行控制能够有效减小损失系数。随着 VR 和 Q_j / Q_m 的增大，损失系数先减小（VR < 1）后增大（VR = 2），最终远大于无涡旋射流控制工况的损失系数。对比图 3-8 和图 3-9 可以看出，三种不同射流孔数工况的最小损失系数均在 1.0 < VR < 1.8 时出现，此时 VR 对损失系数的作用并未受到射流孔数的显著影响。但 Q_j / Q_m 对最小损失系数的影响却与射流孔数密切相关，不过，最小损失系数都在 Q_j / Q_m 较小时获得。

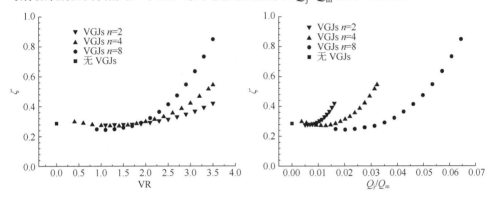

图 3-8　不同射流孔数下损失系数随 VR 的　　图 3-9　不同射流孔数下损失系数随 Q_j / Q_m 的
　　　　　变化规律　　　　　　　　　　　　　　　　　变化规律

3. 流动分离实验

1）实验参数与工况

本节采用 PIV 对带有 4 个射流孔的圆锥扩压器内部流场（主流雷诺数）进行实验研究。测量区域为图 3-10 中所示的方框。

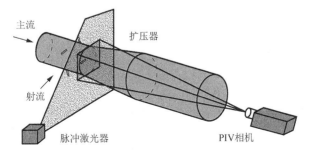

图 3-10　圆锥扩压器流场 PIV 测量区域示意图

取主流雷诺数 Re = 82700 并保持不变，在射流孔中心下游沿主流方向选取 4 个截面进行多帧瞬时速度测量，4 个截面到射流孔中心的距离分别为 3mm、6mm、12mm 和 18mm。由于 PIV 系统的工作频率远低于射流涡脱落的频率，因此测量结果实际上是时间离散的结果，在具体分析中对 PIV 测量的结果进行时均处理。后处理时，选取 x 轴为主气流流向，z 轴为射流流向，主流管中轴线与射流管中轴面的交点为坐标原点。

2）实验结果与分析

图 3-11 给出了 PIV 测量得到的不同主流流向位置截面的速度矢量图，图中箭头表示射流入射的位置及方向。可以看出，在 $x/d = 0.5$ 截面处，主流与具有一定倾斜角的高速射流汇合，主流受射流阻挡，在射流两侧发生流动分离。在 $x/d = 2$ 截面处，已经形成一个逆时针方向的较为完整的纵向涡，其中心位于 $z/d = -3.5$，$y/d = -8$ 处。随着射流向下游发展，在 $x/d = 3$ 截面，纵向涡范围逐渐扩大，涡心位置沿 y 方向稍有上移，但在 z 方向变化不大。这可能是由射流与主流边界层的速度差所致。由于涡的存在，涡心下方诱导出很强的横向流，在涡心两侧形成向上和向下的流动（也称为上洗区和下洗区），这些流动对射流外侧较薄的边界层具有显著影响。

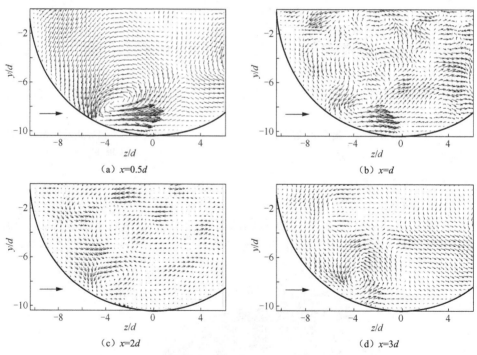

（a）$x=0.5d$　　　　　　　　　　　　（b）$x=d$

（c）$x=2d$　　　　　　　　　　　　（d）$x=3d$

图 3-11　圆锥扩压器不同截面速度矢量图（PIV 测量结果）

3.1.2　涡旋射流控制矩形扩压器流动分离的实验研究

1.　实验装置和测试系统

采用涡旋射流控制矩形扩压器流动分离的实验系统如图 3-12 所示。射流管路由涡旋气泵单独供气，通过调节主流和射流流量得到不同主流流速和射流速度比。图 3-13 给出了矩形扩压器的实验装置图。

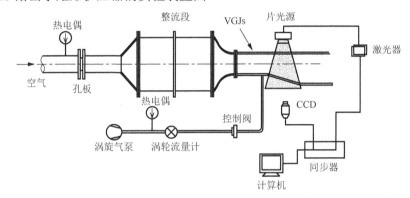

图 3-12　涡旋射流控制扩压器流动分离实验系统图

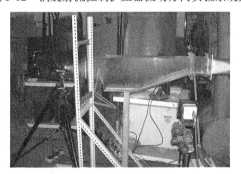

图 3-13　涡旋射流控制矩形扩压器流动分离实验装置图

2.　流动分离实验研究

1）实验参数与工况

实验主要针对射流对主流影响较为显著的工况。当射流速度比 VR 较高时，射流对主流具有明显的冲击作用，并由此出现剪切层涡、马蹄涡系、尾迹涡等复杂的涡旋结构，因此选择对 VR = 3，5 这两种速比工况进行研究。

实验中保持矩形扩压器主流进口速度不变，通过调节射流管路的流量得到不同射流速度比。图 3-14 给出了矩形扩压器几何结构示意图，扩压器入口为 120mm×120mm 的正方形，在扩压器底面平行布置了 4 个涡旋射流发生器，射流通道为圆柱体，射流发生器与扩压器壁面纵向夹角（射流倾斜角）α 为 45°，轴向夹角（射流偏斜角）β 为 90°，射流管孔径 $d = 4$mm。主流入口雷诺数

（$Re = U_\infty D/v$，其中 D 为扩压器通道的水力直径）为 87331。定义坐标轴 x、y、z 方向分别为流向、法向和展向，$\bar{u}$、$\bar{v}$、$\bar{w}$ 分别为扩压器通道内流体沿 x、y、z 方向的平均速度。

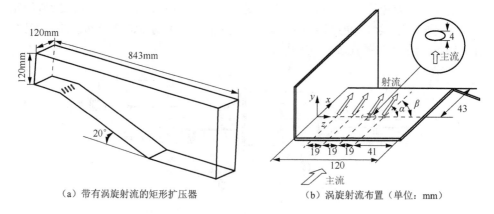

（a）带有涡旋射流的矩形扩压器　　　　　（b）涡旋射流布置（单位：mm）

图 3-14　带有涡旋射流的矩形扩压器结构示意图

实验共选取三种特征截面进行 PIV 测量，以获得流动图像、速度分布及其他可以描述流场信息的特征量。三种特征截面如下：

（a）以射流孔圆心为 x 坐标的起点，沿流动方向依次取 6 个测量截面［图 3-15（a）］；

（b）以扩压器底壁面为 y 方向坐标起点，沿垂直方向取 3 个测量截面［图 3-14（b）］；

（c）$z/d = 14$、15、16 的射流对称面［图 3-15（c）］。

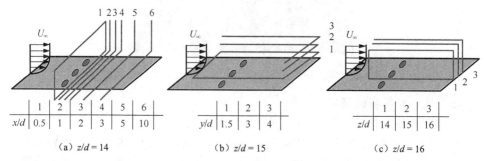

（a）$z/d = 14$　　　　　　（b）$z/d = 15$　　　　　　（c）$z/d = 16$

图 3-15　进行 PIV 测量的三种不同类型截面示意图

2）实验结果与分析

首先采用互相关算法分析实验获得的大量瞬时图像，然后对同一流态下多个瞬态流场进行时均化处理，从而获得涡旋射流控制矩形扩压器内流动分离的时均物理量分布。

（1）不同 x/d 截面的实验结果与分析。图 3-16 和图 3-17 分别给出了射流速度比 VR = 3 和 VR = 5 两种工况下不同主流流向截面的流向涡涡量图。从图中可以看出，当具有一定倾斜角的高速射流汇入主流后，主流流动受射流阻挡，并在射流两侧发生流动分离，形成了一强一弱的不对称反向涡对。反向涡对是射流的一个显著特征[124]，它来源于射流侧边缘的剪切层涡。由于射流的方向和速度均与主流不同，因此在射流主体的边缘存在剪切层，导致剪切层涡的形成。剪切层涡在射流背风侧逆压梯度的作用下扭曲并沿着侧边缘脱落，内部流速降低，其后受主流影响发生弯曲，沿着射流轨迹方向运动，两个主反向涡相互靠拢并不断挤压，形成了反向涡对。

随着与射流孔之间流向距离的增大（$x/d = 3$），反向涡对逐步离开壁面，并且高度不断上升，在射流孔附近形成的强涡迅速耗散，不对称反向涡对的影响范围进一步扩大，但强度呈减弱趋势。这说明射流沿流向逐渐与主流掺混并达到一致，射流内部流动也逐渐趋于稳定。对比图 3-16 和图 3-17 可以发现，当射流速度比较高时，射流与主流的速度差所产生的切向力相应增大，因此涡的影响范围及涡的强度变化都较大。

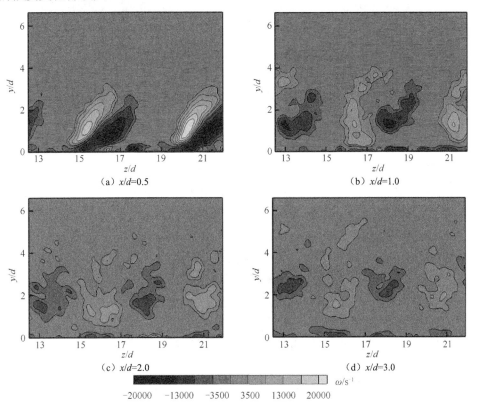

图 3-16　矩形扩压器不同截面流向涡涡量分布（VR = 3，PIV 测量结果）

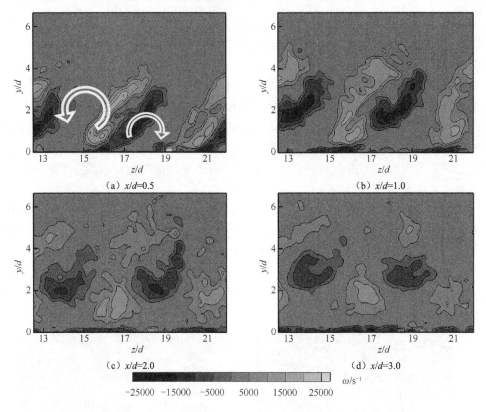

图 3-17 矩形扩压器不同截面流向涡涡量分布（VR = 5，PIV 测量结果）

（2）不同 y/d 截面的实验结果与分析。射流对主流具有较强的剪切作用，且存在较大的逆压梯度，因此，主流会在射流主体侧分离，形成绕流分离涡旋[125]。图 3-18 和图 3-19 分别给出了射流速度比 VR = 3 和 VR = 5 两种不同工况下，不同高度截面的流线图（速度着色，高度依次为 y/d =1.5、3、4），图中标出了射流孔的相对位置。

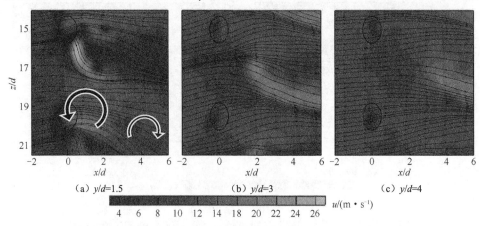

图 3-18 不同高度截面流线图（VR = 3，速度着色）

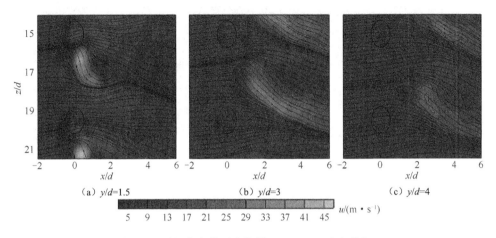

（a）y/d=1.5 （b）y/d=3 （c）y/d=4

$u/(\mathrm{m \cdot s^{-1}})$

5 9 13 17 21 25 29 33 37 41 45

图 3-19 不同高度截面流线图（VR = 5，速度着色）

由图 3-18 和图 3-19 可见，在 y/d=1.5 截面，主流受到射流阻碍，出现了速度趋近于零的点（驻点），并在射流孔口附近卷起，形成绕流分离涡。此时，在射流和主流交界面处存在较大的速度差和较强的剪切作用。可以看出，分离涡附着于背流面并且具有比较稳定的结构。部分主流流体沿射流孔口前缘呈螺旋状旋转流向逆流区，因此在射流孔口前缘存在一个低速区域。随着高度的增加，低速区逐步向孔内移动，通常的马蹄涡系就位于该区域[126]。

此外，从图 3-18 和图 3-19 中还可以看出，两种工况的流动形态存在较大差异。对于低速比工况（VR = 3），在 y/d = 1.5 截面，射流孔口前的主流向着射流偏斜角方向的壁面流动，由于主流的卷吸、掺混较弱，射流背风侧的回流区范围较小，直到 x/d = 4 截面，主流才基本发展为沿 x 方向的流动。而在高速比工况（VR = 5）下，由于射流对主流的卷吸作用较强，主流紧贴着射流主体流动，并在射流背风侧的很大范围内沿射流方向偏斜，直到 x/d = 3 处才形成拐点。随着主流向下游流动，其方向有所偏转。在 y/d = 3 截面处，高速比工况的射流尾迹区宽度及范围都大于低速比工况。

图 3-20 和图 3-21 分别给出了上述不同高度截面的涡量云图。在 y/d=1.5 截面，射流孔下游形成了明显的附着涡对，其主体为肾形结构。附着涡对随着射流主体倾斜，涡心位置发生改变，但并未发生周期性脱落，这一现象表明射流尾迹区的大尺度结构并没有演化为类卡门涡街结构。在圆柱绕流问题中，尾迹区的形成是逆压梯度和壁面黏性的共同作用。因为射流并非固体壁面，所以射流尾迹涡源自壁面边界层，而不是来自射流本身，这也是圆柱绕流和射流两类尾迹的根本区别[127]。

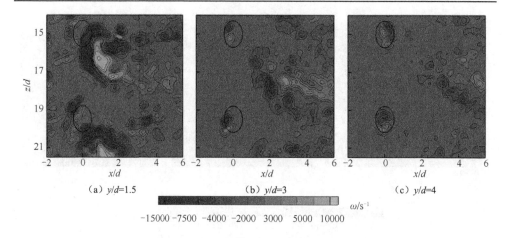

（a）y/d=1.5　　　　　　（b）y/d=3　　　　　　（c）y/d=4

ω/s⁻¹

−15000 −7500 −4000 −2000 3000 5000 10000

图 3-20　不同高度截面涡量云图（VR = 3）

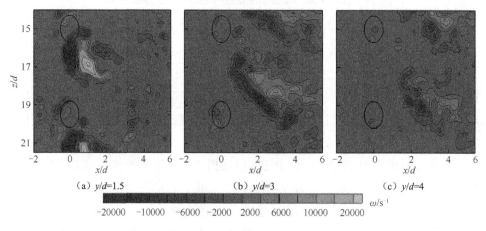

（a）y/d=1.5　　　　　　（b）y/d=3　　　　　　（c）y/d=4

ω/s⁻¹

−20000 −10000 −6000 −2000 2000 6000 10000 20000

图 3-21　不同高度截面涡量云图（VR = 5）

　　随着测量截面与扩压器壁面之间的距离不断增大，$y/d = 3$ 截面处射流下游肾形涡的一边沿射流偏斜角方向拉伸变长，涡强度逐渐减弱，而 $y/d = 4$ 截面处附着涡对进一步耗散并脱落，形成尾迹涡。涡量的测量结果表明，截面涡量来自于主流和射流的剪切作用，流动沿垂直方向进入射流内部，也就是说，尾迹涡源于壁面，终止于射流。

　　（3）不同 z/d 截面实验结果与分析。图 3-22 给出了射流速度比分别为 VR = 3 和 VR = 5 两种工况下，射流对称面（$z/d = 15$ 截面）不同流向位置处的流向速度沿高度的变化。可以看出沿主流流动方向，最大速度点逐渐向上移动，最大速度点之上的速度值逐步稳定，直至与主流速度接近。这说明，射流初始动量决定着流动的发展，射流对主流的影响主要集中在射流开始弯曲到与主流平行的区域内。在 $x = 10d$ 截面处，随着射流能量的耗散，射流对主流的阻力减小，因此形成了比较稳定的流动。对比两种速比工况可以发现，VR 越大，最大速度点位置越靠上，速度值也越大。这是由于高速比工况射流的初始动量更大，主流与射流之间的速度差增大，流动在射流轴向具有更大的动量，因此最大速度点上移。

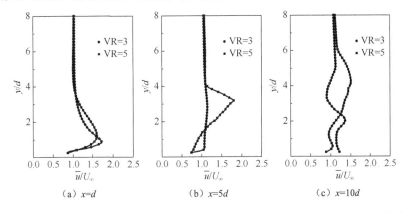

（a）x=d　　　　　（b）x=5d　　　　　（c）x=10d

图 3-22　射流对称面（z/d = 15 截面）不同流向位置处流向速度 $\bar{u}$ 沿高度的变化

（4）流动分离实验结果与分析。图 3-23 给出了 VR = 5 工况下扩压器中分面的速度分布。从图中可以看出，未采用涡旋射流对流动分离进行控制时，在扩压器

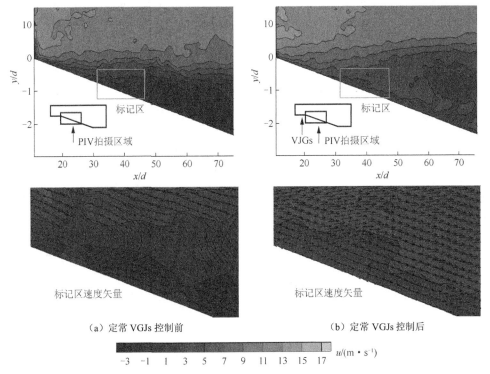

（a）定常 VGJs 控制前　　　　　（b）定常 VGJs 控制后

图 3-23　涡旋射流控制前后扩压器中分面速度分布

壁面附近形成了明显的低速回流区。标记区的速度矢量图更加清晰地给出了回流区域的流动细节，顺时针方向的涡明显强于有射流控制工况，并且高涡强的范围较大。引入涡旋射流控制后（VR =5），不仅消除了回流区域，而且沿壁面的流体动量也明显提高。这是由于涡旋射流产生了一系列流向涡，使主流中高动量气流和物面边界层内低动量气流进行交换或平衡，增加了边界层内气流流动方向的动量及涡流附近的气流湍流度，因此将这些涡旋的能量带入分离区从而抑制了流动分离。

3.2　涡旋射流控制扩压器流动分离的数值研究

本节采用大涡模拟方法对带有涡旋射流的圆锥扩压器和矩形扩压器内的流动特性进行了数值研究，分析了主流与射流掺混的流场结构，射流随时间、空间的演化，射流近区非定常流动及涡旋结构特性等。此外，还对脉冲涡旋射流控制矩形扩压器内的流动分离进行了数值研究，对影响涡旋射流控制效果的因素如射流角、射流孔数、射流速度比、脉冲频率、占空比等进行了评估，为涡旋射流的工程应用及优化设计提供了参考。

3.2.1　数值计算方法

1. 物理模型

图 3-24 给出了本节要进行数值研究的圆锥形扩压器结构，扩压器的扩张角为 14°，进口管径 $D = 125\text{mm}$，在外壁面沿周向均匀布置了 4 个涡旋射流发生器。射流通道为圆柱体，射流倾斜角为 30°，偏斜角为 90°，射流管孔径 $d = 6\text{mm}$，射流管长 $l = 8d$。选取 x 轴为主气流流向，z 轴为射流 1 流向，y 轴为射流 2 流向，主流管轴线与射流管轴面的交点为坐标原点。

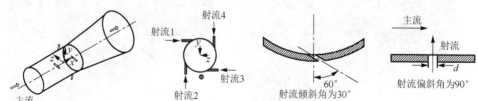

图 3-24　带有涡旋射流的圆锥形扩压器结构图

矩形扩压器的外形和尺寸与图 3-14 所示的矩形扩压器相同。

2. 控制方程的离散

采用大涡模拟方法进行数值计算，控制方程采用有限容积法进行离散，对流项、扩散项离散采用中心差分格式，时间项离散采用二阶欧拉向后差分格式，压力–速度耦合基于 SIMPLEC 算法。计算时间步长选取$\Delta t = 5 \times 10^{-6}$s，满足 CFL 条件[128]，达到计算稳定后，进行统计平均，统计平均的总时间为 0.4s。经网格无关性验证选择 412 万网格数，距离壁面最近网格点的 $y^+ = 0.9$。

3．初始条件和边界条件

扩压器进口和射流进口分别设定速度进口和总温条件，主流和射流进口均为充分发展速度分布；出口条件设定平均静压；壁面设为无滑移边界条件。为了与实验结果进行比较，数值计算中各参数的取值与实验工况相同。

定常射流的射流进口速度为恒定值，而脉冲射流的射流进口速度则在给定边界上按方波函数随时间发生周期性变化，如图 3-25 所示。通过用户自定义函数（user define function，UDF）手动编程处理边界条件。

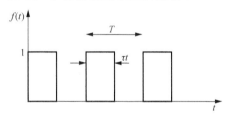

图 3-25 脉冲射流速度随时间变化的方波函数

3.2.2 涡旋射流控制圆锥扩压器流动分离的数值研究

本节通过分析 Re = 82700 时流场中各参数的变化规律，探讨涡旋射流控制流动分离的机理。

1．大涡模拟时均结果

图 3-26 所示为沿主流流向不同位置截面的速度矢量图（为视图清晰起见，仅截取图 3-24 中"射流 3"的计算区域进行说明）。

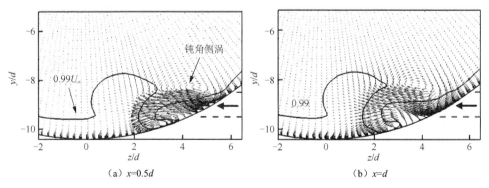

（a）$x=0.5d$ 　　　　　　　　　　　（b）$x=d$

图 3-26 不同流向截面的速度矢量分布

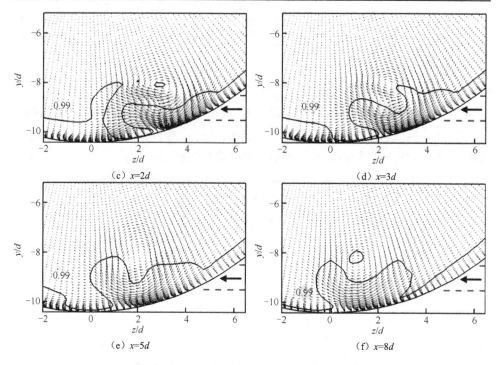

图 3-26　不同流向截面的速度矢量分布（续）

从图 3-26 中可以看出，在 $x/d = 0.5$ 处，主流与具有一定倾斜角的高速射流汇合，使主流在射流两侧发生流动分离，在近壁面处形成了一强一弱不对称的两个反向涡，较强的涡称为钝角侧涡（也称为主涡），较弱的涡称为锐角侧涡。随着流动向下游发展，近壁面旋涡逐渐向圆管内部扩展，较强的钝角侧涡逐步吞并较弱的锐角侧涡，最终合并形成一个大旋涡。流向涡对下洗区域的影响表现为，使边界层内速度分布更加饱满、边界层变薄，同时使上洗区附近的边界层发生速度亏损，边界层增厚。这与传统涡旋发生器产生的流向涡类似[129]。流向涡对射流的卷吸作用非常重要，由于流向涡的旋转运动，外层流体在涡的外侧边缘被卷吸进射流，同时射流中心也被涡运动包裹向外卷出，通过流向涡的旋转运动实现了主流与射流之间以对流形式进行的掺混。在上洗区和下洗区之间，存在一个明显的涡核低速区域。随着旋涡向下游发展，其对边界层的影响范围扩大，但强度逐渐减弱。

2. 大涡模拟瞬态结果

图 3-27 给出了与射流方向垂直的截面上（$z/d = -4$）不同时刻的涡量等值线。可以看出，在射流孔附近，由于主流和射流的剪切作用形成了马蹄涡系[130]。马蹄涡系具有较强的稳定性，随着时间的发展，马蹄涡系的涡心位置几乎没有变化，但涡心两侧的涡环受到射流剪切层旋涡卷起的作用，随着时间的推进发生摆动和变形，逐步破裂并诱导形成几个尺度和强度都比较小的涡旋。

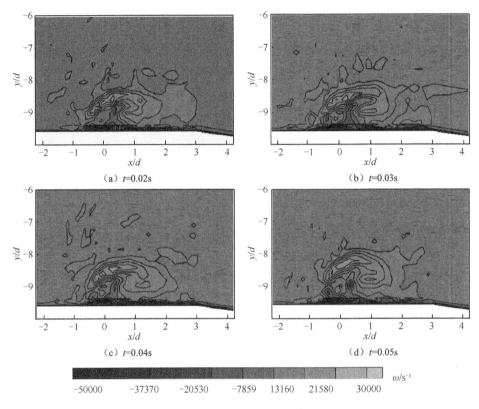

图 3-27 不同时刻 $z/d=-4$ 截面的涡量分布

随着射流向下游发展，在射流主体的末端逐渐生成一个独立的涡心，并脱离主体形成新的旋涡。在射流对主流的卷吸作用下，射流迎流面和背流面的剪切层逐渐增厚，局部雷诺数增大，最终引起 Kelvin-Helmholtz[131]失稳，形成剪切层涡。为了更清晰地认识射流的涡结构，图 3-28 给出了经过时均化的射流流向涡涡量等值面，其中等值面采用流向速度着色。图中展示了几个基本的涡结构：反向涡对、前缘涡和尾迹涡。可以看出，射流从壁面喷出后产生了不对称的反向涡对，并且

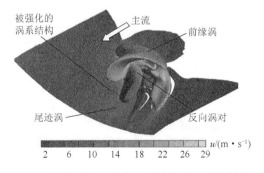

图 3-28 射流流向涡时均涡量等值面（速度着色）

一支被强化，一支被弱化。由于 30°射流倾斜角的存在，被强化的涡系结构（纵向涡旋）能够保持较集中的能量在流场中发展，并将主流高动量流体包裹卷吸进边界层，促进了边界层与主流的动量交换。

3. 分离区的流动控制

1）总体性能分析

图 3-29 给出了涡旋射流控制前、后扩压器出口截面的压力恢复系数 C_p 分布。可以看出，无涡旋射流控制时，扩压器出口截面的压力变化不大，由于流动分离，靠近壁面处 C_p 较小。而引入涡旋射流进行流动控制后，扩压器出口截面的压力变化较大，最大压力恢复系数出现在近壁面处，并且基本按照射流孔的位置呈圆周对称分布。与无控制工况相比，引入涡旋射流进行流动后，扩压器出口截面压力恢复系数明显提高。

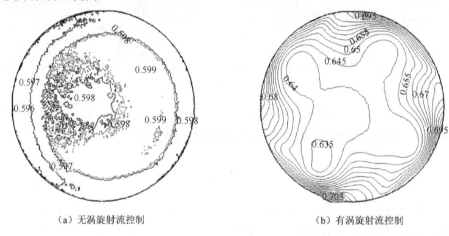

（a）无涡旋射流控制 （b）有涡旋射流控制

图 3-29 涡旋射流控制前、后扩压器出口截面压力恢复系数分布

图 3-30 给出了涡旋射流控制前、后扩压器轴心速度 U_c 和压力恢复系数 C_p 沿扩压器轴向的分布，其中 X 为扩压器无量纲轴向长度。由图可见，无涡旋射流控制时，随着扩压器通道截面的扩张，沿主流方向形成了较强的逆压梯度，U_c 快速下降，C_p 逐渐上升。当出现流动分离后，U_c 下降速度变慢，C_p 变化平缓，这是由于发生流动分离后，边界层厚度迅速增长导致主流减速，扩压受到抑制[132]。有涡旋射流控制的工况则明显不同，由于射流下游流场形成的纵向涡延缓了流动分离并抑制了边界层厚度的增长，因此 C_p 明显提高，U_c 下降幅度增大。计算表明，采用涡旋射流进行流动分离控制后，扩压器压力恢复系数增加 19.8%，控制效果明显。

图 3-31 为扩压器流动分离控制前、后的流线对比，可以看出采用涡旋射流控制后，扩压器壁面处的回流区基本消失。由于涡旋射流产生了一系列涡结构，使主流中高动量气流和物面边界层内低动量气流发生掺混，增加了边界层内气流的流向动量及涡旋附近的湍流度，因此改善了边界层内的速度分布，抑制了流动分离。

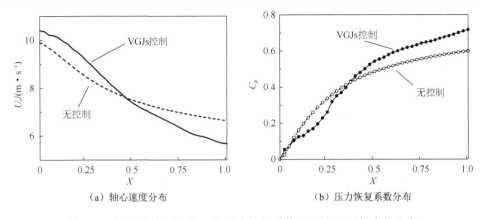

（a）轴心速度分布　　　　　　　　　　　（b）压力恢复系数分布

图 3-30　扩压器轴心速度 U_c 和压力恢复系数 C_p 沿扩压器轴向的分布

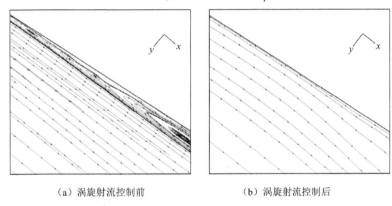

（a）涡旋射流控制前　　　　　　　　　　（b）涡旋射流控制后

图 3-31　涡旋射流控制前、后流线图对比

2）涡旋射流几何参数的影响

　　射流孔数、射流倾斜角对扩压器压力恢复系数的影响较大，表 3-2 给出了扩压器压力恢复系数 C_p 随射流孔数的变化。从表 3-2 中可以看出，随着射流孔数的增加，扩压器压力恢复系数逐渐增大，这是由于多股射流能够更充分地与主流掺混，提高边界层内流体的动量，从而使分离区尺寸进一步减小。

表 3-2　扩压器压力恢复系数 C_p 随射流孔数的变化

射流孔数	射流倾斜角/（°）	射流偏斜角/（°）	C_p
2	30	90	0.622
4	30	90	0.717
8	30	90	0.745
16	30	90	0.774

　　图 3-32 所示为同一速度比（VR = 3）、不同射流倾斜角工况下钝角侧涡沿流向的变化规律，该涡在射流下游流场中占主导作用。由图可见，当射流倾斜角为

75° 时，流向涡涡量下降最快，随着射流倾斜角逐渐减小，流向涡涡量逐渐增大。当射流倾斜角下降至 30° 时，涡量减小程度趋缓。通过涡核高度的变化趋势也可以看出，除了 45° 倾斜角外，其余工况的涡核位置均随着倾斜角的增大而逐渐升高。

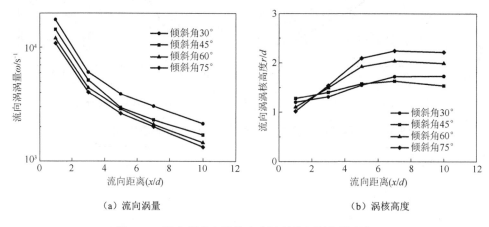

（a）流向涡量　　　　　　　　　　　　　（b）涡核高度

图 3-32　流向涡量和涡核高度随射流倾斜角的变化

表 3-3 给出了圆锥扩压器压力恢复系数 C_p 随射流倾斜角的变化。由表 3-3 可见，当射流倾斜角为 30° 时，控制效果最好。结合图 3-32 可知，当具有一定倾斜角的射流从壁面喷出后，产生了一强一弱不对称的反向涡对结构，促进了边界层与主流区的动量交换。随着射流倾斜角角度增大，反向涡对的对称性越来越强，钝角侧涡的涡强度减弱，并且涡核距壁面高度升高，流向涡对壁面的扰动变小，控制分离的效果减弱。因此选择合适的射流倾斜角对涡旋射流控制流动分离的效果具有重要影响。

表 3-3　扩压器压力恢复系数 C_p 随射流倾斜角的变化

射流偏斜角/（°）	射流孔数	射流倾斜角/（°）	C_p
90	4	30	0.717
90	4	45	0.693
90	4	60	0.634
90	4	75	0.624

4. 影响流动分离控制效果的因素分析及参数优化

1）影响流动分离控制因素的正交设计

正交实验设计方法是一种科学的分析多因素对比实验的方法。正交实验设计方法利用一部分有代表性的实验方案通过统计学方法对实验结果进行综合处理，选出最优因子和水平，分析影响因素的主次[133]。为了达到最好的流动控制效果，使流动损失最小，在进行设计之前，要确定影响流动控制的主要因素。采用涡旋射流控制流动分离，有五个主要的影响因素：射流倾斜角 α、射流偏斜角 β、射流孔数目 n、射流速度比 VR、射流孔距扩压器进口轴向距离 L_a 等。在遵循规范和理论分析的基础上选出正交实验设计的因素和水平表，如表 3-4 所示。

表 3-4　正交实验因素水平表

因素 水平	A. α / (°)	B. β / (°)	C. n	D. VR	E. L_a / mm
水平 1	30	90	2	2	18
水平 2	45	60	4	2.5	36
水平 3	60	45	8	3	72
水平 4	75	30	16	3.5	144

依据以上各因素和水平的要求，选用 $L_{16}(4^5)$ 正交表（表 3-5）。表 3-5 为 5 因素 4 水平表，实验次数为 16 次。根据表 3-4 安排的实验方案并按各次因素及水平搭配建立计算模型，进行数值模拟，16 次模拟实验得到的扩压器平均压力恢复系数值见表 3-5。

表 3-5　正交数值实验表

序号	A	B	C	D	E	C_p
1	30	90	2	2	18	0.6243
2	30	60	4	2.5	36	0.7142
3	30	45	8	3	72	0.7745
4	30	30	16	3.5	144	0.8034
5	45	90	4	3	144	0.6310
6	45	60	2	3.5	72	0.6532
7	45	45	16	2	36	0.7135
8	45	30	8	2.5	18	0.7516
9	60	90	8	3.5	36	0.7210
10	60	60	16	3	18	0.8000
11	60	45	2	2.5	144	0.5633
12	60	30	4	2	72	0.5721
13	75	90	16	2.5	72	0.7033
14	75	60	8	2	144	0.6016
15	75	45	4	3.5	18	0.6444
16	75	30	2	3	36	0.5984

2）正交设计实验数据分析

表 3-6 给出了正交实验结果的极差分析结果。极差的大小反映了该列所排因素选取不同的变动水平对指标的影响大小，因素的极差越大说明该因素的影响越大，这个因素也就越重要。由表 3-6 可见，影响涡旋射流控制效果的 5 个因素中，参数敏感性由大到小依次为：射流孔数目 n、射流倾斜角 α、射流速度比 VR、射

流孔距扩压器入口轴向距离 L_a 和射流偏斜角 β 。

表 3-6　各因素极差分析

因素	A. α / (°)	B. β / (°)	C. n	D. VR	E. L_a / mm
K_{1j}	0.729	0.670	0.610	0.628	0.705
K_{2j}	0.687	0.692	0.640	0.683	0.687
K_{3j}	0.664	0.674	0.712	0.701	0.676
K_{4j}	0.637	0.681	0.755	0.706	0.650
极差	0.092	0.022	0.145	0.078	0.055

图 3-33 为各因素在四种不同水平时对压力恢复系数的影响。由图可见，射流孔数目的变动对流动控制效果的影响最为显著。压力恢复系数随孔数的增多急剧增大，随着射流倾斜角的增大而逐渐减小。射流速度比对压力恢复系数的影响呈曲线变化规律，当 VR 在 3～3.5 时，压力恢复系数变化缓慢。此外，较短的射流孔与扩压器入口的轴向距离可以较好地改善流动控制效果。射流偏斜角对流动控制效果的影响则不明显。

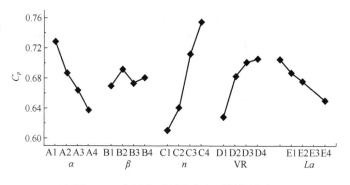

图 3-33　各因素对压力恢复系数的影响

3.2.3　涡旋射流控制矩形扩压器流动分离的数值研究

1. 定常涡旋射流结果与分析

1）三维涡结构

涡旋射流具有明显的三维特性，通过三维涡结构识别和分析，可以获得射流大尺度结构的演化过程。图 3-34 所示为 VR=5 时，矩形扩压器不同瞬时 $\lambda_2 = -500000$ 等值面。由图 3-34（a）可见，从射流孔喷出的高能流体将边界层卷起，由于射流对主流的阻挡和主流的绕流，射流迎流面的压力大于背流面，在压力差的作用下，射流主体逐渐沿主流流向弯曲并在平板底面上形成了四个流向涡。如图中 1 处所示，射流对主流的卷吸作用使剪切层增厚，引起 Kelvin- Helmholtz[131]失稳，形成了呈涡卷结构的剪切层涡。该结构由 Helmholtz 波、射流产生的大涡结构以及主流冲击形成的压力波耦合而成，是射流偏斜的主要原因，它决定了射流与主流之间的初始掺混效果，并且削弱了射流刚度。随着时间的推移，在图 3-34（b）中 2 处，涡卷逐渐演变为涡环，这些涡环仅包围射流的迎流侧，并未包围背流侧，形成这种不对称的原因是边界层的卷起对背流侧涡环的形成具有一定的阻碍作用，也就是说，主流被射流直接阻挡在射流孔下游而形成了较小的速度梯度，而这一较小的速度梯度不足以形成涡环。

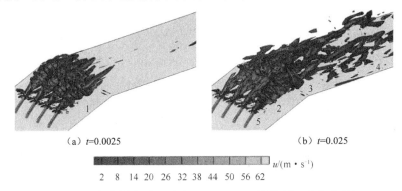

（a）$t=0.0025$　　　　　　　　　　　　　　（b）$t=0.025$

$u/(\text{m} \cdot \text{s}^{-1})$
2　8　14　20　26　32　38　44　50　56　62

图 3-34　定常射流不同瞬时 $\lambda_2 = -500000$ 等值面（速度着色）

关于剪切层涡的结构主要有两种结论。Kelso 等[28]根据流动显示实验指出，射流剪切层涡系为涡环结构，如图 3-35（a）所示；而 Lim 等[30]采用 LIF 实验得出该涡系为涡卷而非涡环，如图 3-35（b）所示。本书发现随着时间的推移，由于速度梯度的变化，剪切层涡的结构从涡卷演化为涡环，这一现象为进一步解释剪切层涡系的结构提供了一定依据。

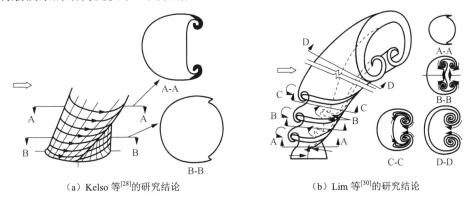

（a）Kelso 等[28]的研究结论　　　　　　　　　（b）Lim 等[30]的研究结论

图 3-35　射流剪切层涡的两种不同结构

随着射流向下游发展，大涡结构逐渐破碎，一部分跟随主流向下游运动，另一部分卷入到射流背流面，如图 3-34（b）中 3 处所示。涡环逐渐耗散并形成典型的尾涡。尾涡往往以一对涡对或多对涡对的形式存在，它们在耗散成为湍流之前，涡核的涡量较高并且成对生成。在图 3-34（b）中 4 处，流向涡逐步耗散为湍流，并向下游远场移动。而在图 3-34（b）中 5 处，由于入射孔周围形成的马蹄涡具有较强的稳定性，因此只有在受到射流剪切层涡卷起的作用下，马蹄涡系才随着时间的推进发生摆动和变形。

　　大涡模拟的时均分析抹平了上述剪切层涡系的流动细节，因此能够更好地捕捉到反向涡对的结构。图 3-36 给出了 VR = 5 工况的时均 λ_2 等值面大涡模拟结果。从图中可以看出，射流从壁面喷出后产生了反向涡对，该涡对是射流的显著特征之一[134]，它来源于射流侧边缘的剪切层涡。在射流入射方向上涡量的积累及射流与主流的相互作用会导致射流方向改变，因此图中的反向涡对呈现为偏离原入射方向的两个管状等值面。而剪切层涡在射流背风侧逆压梯度的作用下扭曲、脱落，内部流体速度降低，并在主流的作用下弯曲。由于射流倾斜角不为零，被强化的涡系结构能够保持较集中的能量在流场中发展，并将主流中的高动量流体包裹卷吸进边界层，因此促进了边界层与主流区动量交换。

图 3-36　$\lambda_2 = -500000$ 等值面（LES 时均）

　　2）定常涡旋射流对流动分离的控制

　　为了与压力恢复系数区分，定义扩压器壁面压力系数为

$$C_{pw} = \frac{2(p - p_\infty)}{\rho u_\infty^2} \tag{3-4}$$

式中，p 为扩压器底面静压；p_∞ 为扩压器进口静压；u_∞ 为扩压器进口速度。

　　图 3-37 为采用定常涡旋射流对流动分离进行控制前、后的扩压器壁面时均压力系数 C_{pw} 沿 x 方向的分布，图中标出了射流孔和扩压器扩张段的位置。由图可见，涡旋射流产生的扰动对扩压器底面压力分布具有较大影响。在射流孔附近，由射流形成的马蹄涡使紧邻孔口处的表面压力急剧降低，随着射流向下游发展，气流在进入扩张段前，扩压器底面压力有所回升。当采用定常涡旋射流对流动分

离进行控制时，由于射流下游流场形成的流向涡延缓了流动分离并阻止了边界层厚度的增长，因此扩张段内的 C_{pw} 比无控制工况明显增大。

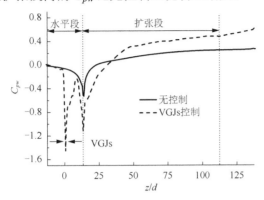

图 3-37 定常射流控制前后壁面压力系数分布

表 3-7 给出了定常射流控制前、后扩压器内流动分离点和再附点的位置。从表中可以看出，定常射流的引入有效延缓了流动分离并大幅缩短了分离区长度，控制效果明显。需要注意的是，距离射流孔越近的区域，分离点位置延后越多，并且分离区长度也越短。在射流中分面上（$z/d=15$ 截面），分离区长度仅为 22mm。

表 3-7 定常射流控制前、后流动分离点和再附点位置

工况	截面	分离点	再附点	分离区长度/mm
无控制	$z/d=15$	11.44d	158.73d	589
定常涡旋射流控制 （VR=5）	$z/d=15$	22.89d	28.38d	22
	$z/d=16$	16.06d	25.00d	36
	$z/d=17$	12.63d	22.53d	40
	$z/d=18$	11.45d	20.78d	37
	$z/d=19$	11.43d	19.81d	34

对扩压器内观测点处的脉动压力时程进行频谱分析，可得功率谱图像，用以表征压力信号的能量在频域上的分布。在压力功率图谱中，低频信号表征低速运动的大尺度涡旋结构，高频信号表征高速运动的小尺度结构[135]。

图 3-38 给出了扩压器内近壁面 4 个观测点上的压力功率谱分布。在 $x/d=31$ 处，采用定常涡旋射流进行控制前，出现了频率为 215.43Hz 的大幅扰动，这与分离流动的涡脱落频率相对应；在 480~1271Hz，存在比较密集的低频信号，说明此处存在低频大尺度涡结构。采用定常涡旋射流进行控制后，低频扰动发生在 707.52Hz，脉动的特征频率向高频侧转移，而且低频区扰动的频域缩短，能量峰数量减少，可知涡旋射流使近壁区含能量较多的大尺度结构发生了变化，将流动分离产生的大尺度涡逐步转变为湍流，有效地控制了流动分离。其他观测点处也

可以观察到射流控制前、后频域的类似变化。而在 $x/d = 31$ 和 $x/d = 42$ 处，由于射流能量的输入，定常涡旋射流控制的功率谱幅值处于 20～500Hz 频区，高于无控制工况。随着射流在扩张段向下游发展，射流摄入主流的能量逐步衰减，在 $x/d=129$ 处，定常涡旋射流控制的功率谱幅值较控制前略低，表明定常涡旋射流对近壁面扰动的影响基本消失。

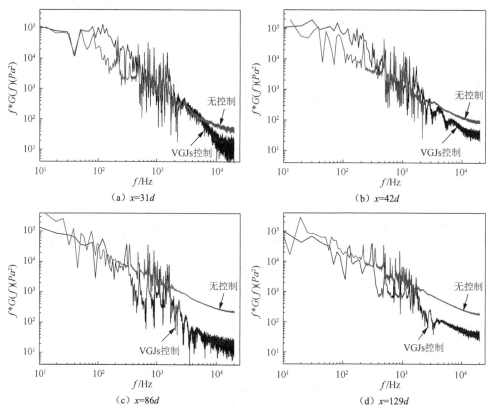

（a）$x=31d$　　　　　　　　　（b）$x=42d$

（c）$x=86d$　　　　　　　　　（d）$x=129d$

图 3-38　定常涡旋射流控制前、后不同观测点的功率谱分布

2. 脉冲射流结果与分析

1）时均流向速度分布

图 3-39 给出了无控制以及采用定常射流和脉冲射流控制时，矩形扩压器射流孔中心位置下游不同流向位置处的时均流向速度分布。由图可见，未采用涡旋射流进行控制时，边界层增厚，在扩压器扩张段发生流动分离，近壁区时均流向速度出现负值。采用定常射流进行控制时，在近壁面不同流向位置均可以观察到较强的速度廓线。这是由于连续高能流体的摄入，使主流中高动量气流和物面边界层内低动量气流进行交换，增加了边界层内气流的流向动量及涡流附近的气流湍流度，抑制了流动分离。采用脉冲射流进行控制时（VR = 5），由于脉冲射流并不是连续地向主流带入高动量流体，因此在不同流向位置很难发现有"失稳"的速

度廓线，但在这些流向位置，流动分离均被抑制。而对于 VR = 3 的脉冲射流工况，由于射流速度较低，射流带入的能量无法与主流完全掺混，因此在部分区域发生了流动分离。

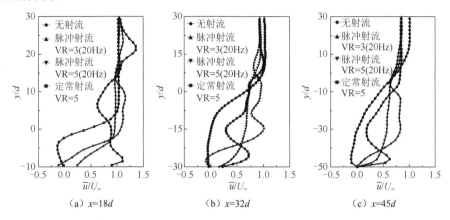

（a）x=18d　　　　（b）x=32d　　　　（c）x=45d

图 3-39　不同射流控制方式下 z/d = 15 截面各流向位置的时均流向速度分布

脉冲射流频率对流动控制的效果具有显著影响。图 3-40 给出了 VR = 5、脉冲频率为 40～200Hz 时，矩形扩压器射流孔中心位置下游不同流向位置处的时均流向速度分布。从图中可以看出，各频率工况的速度廓线均未显示有明显的高能流体摄入的迹象，但边界层厚度均有所减小。当脉冲频率为 200Hz 时，扩压器下游近壁区流场边界层发生分离。

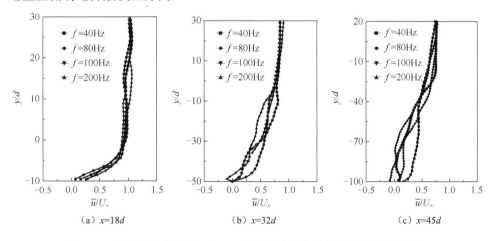

（a）x=18d　　　　（b）x=32d　　　　（c）x=45d

图 3-40　不同脉冲频率下 z/d = 15 截面各流向位置的时均流向速度分布

2）脉冲射流对流动分离的控制

（1）定常射流和脉冲射流控制效果的比较。表 3-8 给出了无控制以及采用定常射流和脉冲射流控制时（占空比 DC=0.5），矩形扩压器压力恢复系数 C_p 及扩张段分离区长度的对比。为了便于比较各工况分离区的长度，对时均结果进行了展向平均，以获得分离区长度的统计值。由表可见，在相同速度比下，采用定常射流和脉冲射流进行控制时，流动分离区长度均明显减小，扩压器压力恢复系数 C_p 显著增大。脉冲射流的控制效果随着 VR 的增大而显著提升，当脉冲频率为 20Hz 时，脉冲射流工况的压力恢复系数大于定常射流工况，但分离区长度有所增加。

表 3-8　不同射流控制方式下扩压器 C_p 及扩张段分离区长度的对比（DC = 0.5）

工况	射流频率/Hz	压力恢复系数 C_p	分离区长度/mm
无射流	—	0.214	328
脉冲射流 VR = 3	20	0.423	225
脉冲射流 VR = 5	20	0.572	120
定常射流 VR = 5	—	0.566	39

　　（2）脉冲频率对控制效果的影响。表 3-9 给出了射流速度比 VR = 5、占空比 DC = 0.5 时，压力恢复系数 C_p 及扩张段分离区长度随射流频率的变化。由表可以看出，当频率从 20Hz 变化到 100Hz 时，分离区长度较无控制工况都有所减小，其中脉冲频率为 20Hz 时，压力恢复系数 C_p 最大，分离区长度最小，控制效果较为理想。总的来说，分离区长度随着脉冲频率的增大而增加。当频率增大到 200Hz 以上时（表 3-10），再继续增大频率，压力恢复系数 C_p 和分离区长度均变化不大。因此采用脉冲射流对流动分离进行控制时，选择合适的脉冲频率十分重要。

表 3-9　扩压器压力恢复系数 C_p 及扩张段分离区长度随射流脉冲频率的变化
（VR = 5，DC = 0.5）

射流频率/Hz	压力恢复系数 C_p	分离区长度/mm
20	0.572	120
40	0.566	121
80	0.551	132
100	0.565	137
200	0.488	317

表 3-10　扩压器压力恢复系数 C_p 及扩张段分离区长度随射流脉冲频率的变化
（VR = 5，DC = 0.1）

射流频率/Hz	压力恢复系数 C_p	分离区长度/mm
400	0.437	313
800	0.467	283

　　（3）占空比对控制效果的影响。表 3-11 所示为扩压器压力恢复系数 C_p 及扩张段分离区长度随脉冲射流占空比的变化。由表可见，在相同脉冲射流频率下，当占空比减小时，压力恢复系数 C_p 减小，扩张段分离区长度变长，说明当占空比减小即输入射流的动量减小时，脉冲射流的控制效果减弱。

表 3-11　扩压器压力恢复系数 C_p 及扩张段分离区长度随脉冲占空比的变化

射流频率/Hz	DC	扩压器压力恢复系数 C_p	分离区长度/mm
20	0.1	0.538	273
	0.5	0.572	120
40	0.1	0.524	296
	0.5	0.566	121
80	0.1	0.494	303
	0.5	0.551	132
100	0.1	0.489	220
	0.5	0.565	137
200	0.1	0.455	383
	0.5	0.488	317

3.3　涡旋射流控制逆压梯度平板边界层分离的实验及数值研究

在高负荷情况下，低压叶片的吸力面逆压梯度增大，边界层增厚并极易分离，会产生较大的气动损失并造成涡轮机性能下降，因此有效地控制叶片吸力面边界层分离是低压高负荷叶片设计的重要目标之一。采用涡旋射流对分离流场进行流动控制，深入研究涡旋射流控制的流动细节和涡结构演变[136]，对进一步开展低雷诺数下低压高负荷叶片流动控制的理论研究和工程应用具有重要意义。

首先对涡旋射流控制逆压梯度平板边界层的分离进行了实验研究，然后采用大涡模拟方法对低雷诺数下逆压梯度平板边界层分离进行了数值研究，分析了层流分离泡的形成与结构，并对定常射流、脉冲射流控制流动分离的效果进行了对比。通过比较不同射流控制方式下直射流和斜射流的统计特性及射流控制效果，分析了射流流场中发卡涡、Λ 涡的生成机理以及定常射流、脉冲射流控制流动分离的机理。

3.3.1　实验系统及实验装置

1. FY-800 低速风洞

逆压梯度平板流动控制实验在 FY-800 低速风洞中进行，风洞结构如图 3-41 所示。洞体由稳定段、收缩段、实验段、扩压段和过渡段等组成，稳定段内装有蜂窝器和整流网，以降低湍流度，提高流场品质；实验段长 1600mm，横截面是尺寸为 800mm×600mm 的矩形。

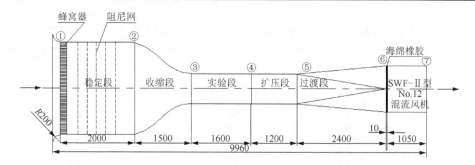

图 3-41　FY-800 风洞结构示意图（单位：mm）

2. 逆压梯度平板流动分离实验设计

为了模拟低压高负荷叶片所形成的层流分离区，本节通过一个楔形结构在实验平板上产生与叶片吸力面相同的逆压梯度，并采用涡旋射流对分离区进行流动控制。图 3-42 给出了逆压梯度平板流动分离实验的示意图。在与实验平板相对的壁面上安装了特殊的楔形结构[137]，可以较好地模拟低压涡轮叶片吸力面的压力梯度。

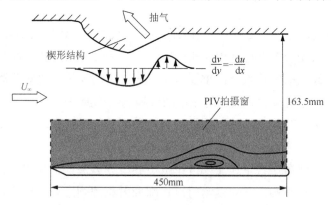

图 3-42　逆压梯度平板流动分离实验示意图

实验中流动区域进口雷诺数（基于进口速度和假定的吸力面长度）约为 100000。由楔形结构和实验平板组成的流动区域进口高 188.8mm，出口高 163.5mm，喉部高 138.4mm。采用壁面压力系数表征平板表面及实际 PakB 叶片的吸力面压力梯度，其定义为

$$C_{pw} = 1 - \left(\frac{U_e}{U_{ex}}\right)^2 \tag{3-5}$$

式中，U_{ex} 与 U_e 分别为流动区域的出口速度和边界层外缘速度。楔形结构廓线可以确保实验平板与 PakB 叶片在实验雷诺数下具有相同的压力梯度。

如图 3-43 所示，实验平板为一块有机玻璃材质的尖前缘平板，厚度为 20mm，宽度为 690mm，长度为 450mm。在距离前缘 96mm 处，沿展向分别开设等距的

三个竖直射流孔和三个倾斜射流孔，x、y、z 方向分别表示流向、法向和展向。实验平板水平安装在风洞实验段内，安装高度与风洞的中心标高保持相同，以保证来流均匀。

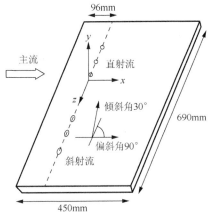

图 3-43　带有涡旋射流的平板示意图

在实际叶栅中，一般由于压力梯度的作用，在叶片压力面不易发生分离，但在平板实验中，由于楔形结构的后端突然扩张，流动区域的喉部流动加速，易在上壁面产生流动分离，这会对平板侧产生一定干扰。实验中，通过在楔形结构的后端进行部分抽气来抑制上壁面流动分离。抽气装置为截面宽 800mm、长 60mm 的抽气槽，安装在楔形结构的后端。抽气装置通过集气箱及管道连接至功率为 3kW 的小型离心风机上，可通过旁路调节抽气量。利用小型涡旋气泵提供射流，在抽气路和射流路分别采用孔板流量计和涡轮流量计测量气体流量。

3.3.2　实验结果分析

对涡旋射流控制逆压梯度平板流动分离的实验研究包括直射流和斜射流两种射流方式，每一种方式都选取了三种不同的射流速度比（VR=0.707，1，2）。实验中保持主流即风洞进口流速不变，通过调节射流的流量获得不同的射流速度比。利用互相关算法对测量所得的大量瞬时图像进行分析，并对同一流态下多个瞬态流场进行时均化处理，得到了直射流和斜射流不同速比工况下的时均流动参数分布。

图 3-44 所示为实验获得的两种射流方式下射流孔中心截面的流线图（速度着色）。从图中可以看出，无论直射流还是斜射流，当主流流过射流孔时，两股不同方向的流体发生了强烈的相互作用，射流在主流作用下逐渐弯曲，主流则受到射流阻碍，减速并形成绕流。随着射流速度比 VR 的增大，直射流的射流轨迹线逐渐抬升；而斜射流与主流方向存在一定角度，因此展向速度分量增大，射流轨迹向展向偏转并逐渐降低。

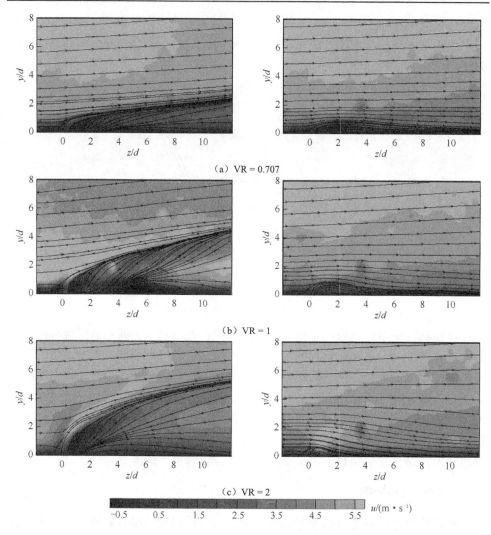

图 3-44　不同射流速度比 VR 下射流孔中心截面的流线图

速度着色；左图为直射流；右图为斜射流

3.3.3　数值计算方法

1. 计算域及网格

图 3-45 所示为无射流控制工况的计算域及网格，计算域的几何参数与实验保持一致，大小为 0.762mm×0.180mm×0.048mm，总网格数约为 420 万，壁面第一层网格的 y^+ 小于 1。采用射流对流动分离进行控制后，网格如图 3-46 所示，射流孔周围网格划分为 O 型网格并进行局部加密。为了便于分析，设定 x、y、z 方向分别表示流向、法向及展向。

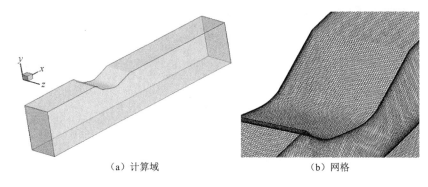

（a）计算域　　　　　　　　　　　　　（b）网格

图 3-45　无射流控制工况的计算域及网格

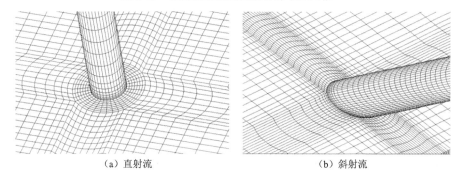

（a）直射流　　　　　　　　　　　　　（b）斜射流

图 3-46　射流控制工况的射流孔局部区域网格

2. 数值方法

采用大涡模拟的 Smagorinsky 模型进行数值模拟，使用有限容积法进行离散，压力-速度耦合基于 SIMPLEC 算法。计算时间步长取为 $2.5×10^{-5}$s，满足 CFL 条件，雷诺数与实验工况相同，均为 100000（基于自由来流条件，特征长度为下壁面假设叶片长度）。当计算达到统计稳定状态后，对流场进行统计平均。

3.3.4　各工况的大涡模拟结果分析

1. 无射流控制工况结果分析

图 3-47 为经过展向平均得到的计算域流向速度分布。从图中可以看出，通道从 $x = -24d$ 位置开始逐渐收缩，沿流动方向为顺压梯度，压力逐渐减小，流体不断加速；经过 $x=-3d$ 处的喉部后，通道扩张，压力逐渐增大，在黏性和逆压梯度的共同作用下，下壁面边界层流动发生分离，壁面处存在明显的低速分离区，分离点位于 $x ≈ 2d$ 位置。流动分离后，剪切层离开近壁面，由于速度剖面不稳定，剪切层失稳，产生大尺度相干结构，裹入能量使边界层再附，形成层流分离泡。

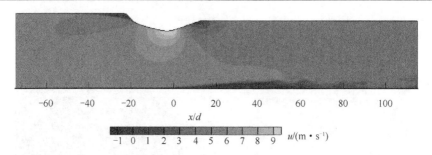

图 3-47　经过展向平均的流向速度分布（无控制工况）

图 3-48 给出了经过展向平均的瞬时展向涡涡量图。从图中可以观察到展向涡卷起、剪切层分离以及强二维涡旋结构脱落的整个过程。在 $x = 45d$ 之前，剪切层除了随着流动抬升之外几乎没有发生什么变化，而在 $x = 45d$ 之后，涡旋卷起，连续的剪切层被切断，剪切层卷起形成二维展向涡，并在展向涡的诱导下发生摆动和旋转。随着流动向下游发展（$x = 55d$），剪切层逐步破裂成湍流。

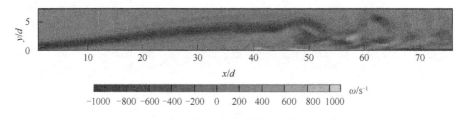

图 3-48　瞬时展向涡涡量图（无控制工况）

图 3-49 给出了无射流控制工况逆压梯度平板流场的 λ_2 等值面。图 3-49（a）、(b) 分别为平板局部流动的侧视图和俯视图。由图 3-49（a）可见，在层流分离泡区域存在大量随机分布的涡结构。这些涡结构大致分为两种，一种是标记为 A 和 B 的展向涡，其产生机制类似于平面混合层中的展向涡[138]，在分离泡外侧存在具有拐点的速度剖面，由于 Kelvin-Helmholtz 失稳卷起了二维展向涡，又因流场中的三维扰动，使二维展向涡略微扭曲并沿法向突起。图中的 B 涡是典型的展向 Λ 涡，Λ 涡的出现表明转捩已经接近尾声，这时 Λ 涡的涡腿（vortex legs）[139]明显伸长，并在平均流的推动下向下游运动，Λ 涡突起的部分即涡头翘起形成局部高剪切层，待剪切层失稳后，涡头破碎，猝发成小尺度结构的湍流，流场逐渐进入湍流状态。流场中还有一种标记为 C 的流向涡结构，在展向涡卷起向下游运动的过程中，由于边界层内外的速度梯度有所不同，相邻展向涡之间存在较强的拉伸作用，所以在近壁面处产生了这种流向涡结构。这些涡在向下游运动的过程中，沿拉伸方向涡量增加，并与分离的壁面边界层相互作用，诱导失稳。此外，在流动附着区域形成了明显的 Λ 涡，Λ 涡下游的流动不再发生分离。Λ 涡主要有两个作用[136]：第一是在两涡腿之间产生上升流，在两涡腿之外产生下扫流，引起法向动量交换并产生正雷诺应力；第二是涡的两涡腿拉伸，可以从周围流体中吸收能

量并转化为湍动能。

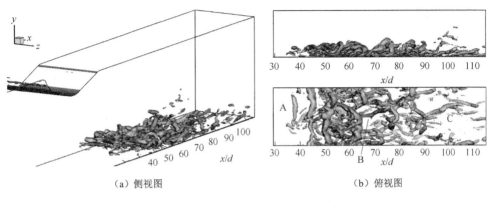

（a）侧视图　　　　　　　　　　　　　（b）俯视图

图 3-49　无射流控制工况的 $\lambda_2 = -20000$ 时均等值面

2. 有射流控制工况的结果分析

为了分析逆压梯度作用下，定常射流与脉冲射流控制流动的机理，本节对比了相同射流动量系数 C_μ 下，不同射流控制方式的控制效果。射流动量系数 C_μ 定义为[140]

$$C_\mu = \text{DC} \frac{\pi d^2 u_{\text{jet}}}{4CzU_\infty}$$ （3-6）

式中，DC 为脉冲射流占空比；d 为射流管径；C 为叶片弦长；z 为通道展向宽度；u_{jet} 与 U_∞ 分别为射流管出口平均流速和主流速度。表 3-12 给出了 4 种计算工况的射流参数，射流动量系数 C_μ 均为 3.48×10^{-4}。

表 3-12　直射流和斜射流不同计算工况

计算工况	射流倾斜角 $\alpha / (°)$	射流偏斜角 $\beta / (°)$	射流速度比 VR	射流频率 f / Hz	占空比 DC
定常直射流	90	0	0.707	—	—
定常斜射流	30	90	0.707	—	—
脉冲直射流	90	0	1	10	0.5
脉冲斜射流	30	90	1	10	0.5

数值分析针对两种不同的射流角配置方式进行：一种是斜射流，其倾斜角为 30°，偏斜角为 90°，这是涡旋射流普遍采用的角度配置方式；另一种是直射流，其倾斜角为 90°，偏斜角为 0°（即垂直入射）。

将射流孔置于叶片吸力面分离点上游，可以有效地控制流动分离[141,142]。本节所研究的逆压梯度平板流动分离点位于 $x \approx 2d$ 处，因此将射流孔开设于 $x = 0$ 处，取射流孔间距与射流孔径之比为 12。

1）定常射流与脉冲射流工况的时均结果对比

图 3-50 所示为无射流控制工况及 4 种有射流控制工况的时均流线图。从图中可以看出，相比无射流控制工况，采用涡旋射流对流动分离进行控制后，4 种工况的分离泡尺寸均明显减小，且脉冲射流对流动分离的控制效果明显优于定常射流。在定常射流工况下，斜射流的控制效果优于直射流，而在脉冲射流工况下，斜射流与直射流控制效果的差异并不明显。

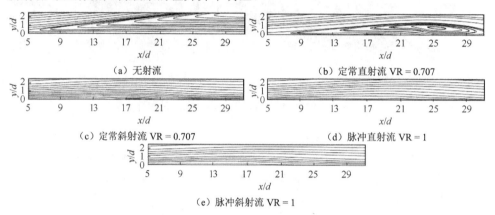

图 3-50　不同工况下经过展向平均的时均流线图

图 3-51 给出了各工况平板表面时均摩擦系数 C_{fx}（$C_{fx} = \tau_x \Big/ \dfrac{1}{2} \rho U_\infty^2$，其中 τ_x 为流向切应力）分布。图中白色区域为流动分离区，灰色区域为流动附着区。由图可见，在无射流控制工况下，流动在 $x \approx 2d$ 处完全分离，并在 $x \approx 62d$ 处再附。采

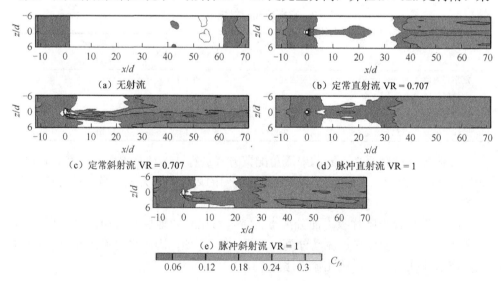

图 3-51　各工况平板表面时均摩擦系数 C_{fx} 分布

用涡旋射流对流动进行控制后，流动分离区的面积显著减小，再附点明显提前，其中，脉冲射流工况的流动分离区面积更小，控制效果更优。此外，在定常直射流工况下，可以观察到较大的分离泡和连续的流动分离区域，而对于动量系数 C_μ 相同的脉冲直射流工况，流动分离却得到了有效控制，这说明在逆压梯度环境下，脉冲射流控制流动分离的物理机制可能与定常射流不同。

2）定常射流控制逆压梯度平板流动分离的数值结果分析

（1）三维涡结构分析。图 3-52 和图 3-53 所示为 $t = 0.3$s 时刻，直射流工况和斜射流工况 $\lambda_2 = -20000$ 的瞬时等值面。图中上侧为俯视图，下侧为侧视图。为了便于控制效果的对比，图中还标记了平均再附位置。可以看出，在射流孔口处，直射流周期性地产生上端封闭下端开口的发卡涡（hairpin vortices）[136]结构，而斜射流则产生类发卡涡（hairpin-like vortices）结构。随着射流向下游发展，直射流工况从 $x = 20d$ 位置起，沿展向开始产生大量非稳定流动结构，这些结构由连续的发卡涡头部破碎并猝发成的小尺度结构组成；而在斜射流工况下，这些非稳定的

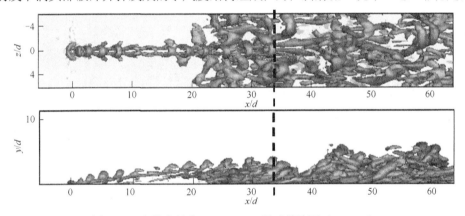

图 3-52 定常直射流 $\lambda_2 = -20000$ 瞬时等值面（$t = 0.3$s）

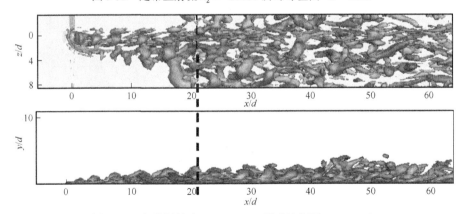

图 3-53 定常斜射流 $\lambda_2 = -20000$ 瞬时等值面（$t = 0.3$s）

流动结构则比直射流更早地接触壁面。此外，两种射流工况的平均再附点均位于大量非稳定涡结构起始区域之后的一段距离处，这表明两种射流工况下，纵向涡破裂成的湍流并不能提供足够的动量使主流快速再附。

图 3-54 给出了 $t = 0.0175s$ 时刻，斜射流流向截面的速度分布。图 3-54（a）中还标出了发卡涡两个前涡腿的位置。从图中可以看出，由于发卡涡前涡腿的诱导作用，下壁面边界层中的流体在绕着发卡涡涡腿旋转的同时，还在不断地卷入两个前涡腿之间的区域。边界层中的流体受黏性影响因而流向速度较低，进入发卡涡前涡腿之间后，形成了局部的低速条带[143]，该低速区域将一直延伸到下游较远位置。随着发卡涡扭曲并相继发生破裂，主流与射流相互掺混，流向速度会有所提高，但在 $x/d = 16$ 截面仍存在低速区域。通常认为，该低速区域是射流孔下游流场局部速度亏损的主要原因[144]。

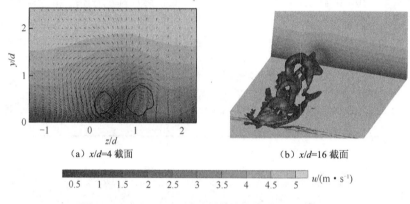

（a）x/d=4 截面　　　　　　　　　　（b）x/d=16 截面

图 3-54　$t = 0.0175s$ 瞬时斜射流流向截面速度分布

（2）射流速度比的影响。图 3-55 所示为 4 种定常射流工况下经过展向平均的时均流线图。由图可见，当 VR = 1 时，直射流工况和斜射流工况的分离泡尺寸都有所减小，其中，斜射流工况的分离泡比直射流工况更加短小。当 VR = 2 时，边界层流动分离被完全控制，直射流和斜射流工况的流场结构几乎没有区别。

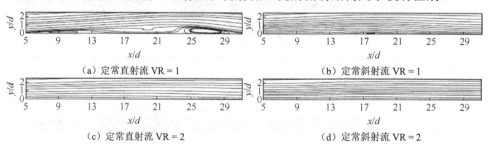

（a）定常直射流 VR = 1　　　　　　　　　（b）定常斜射流 VR = 1

（c）定常直射流 VR = 2　　　　　　　　　（d）定常斜射流 VR = 2

图 3-55　不同工况下经过展向平均的时均流线图

图 3-56 给出了 4 种定常射流工况下平板表面的时均摩擦系数 C_{fx} 分布。从图中可以看出，当速度比由 1 增大到 2 时，由于直射流产生的发卡涡强度逐渐增大，直射流对流动分离的控制效果显著增强；而速度比对斜射流控制效果的影响则并不显著。此外，直射流工况的流动附着区域分布在 $z=0$ 两侧的较大区域，而斜射流工况的流动附着区域则主要集中在 $z>0$ 一侧。

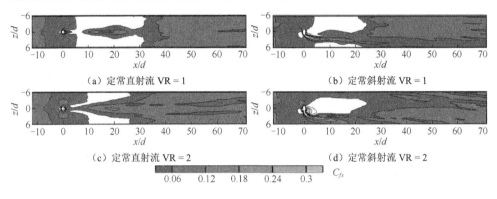

C_{fx}
0.06　0.12　0.18　0.24　0.3

图 3-56　不同工况下平板表面时均 C_{fx} 分布

（3）二维流动结构。为了进一步讨论不同射流速度比 VR 下各射流工况的时均特性，下面采用特征截面的湍流统计特性着重分析涡旋射流控制下流场的二维流动结构。直射流为经典横流射流，其二维流动结构在国内外文献中阐述较多，这里不再详细讨论，此处仅详细分析斜射流的二维流动结构。引入 Khan 等[145]基于无压力梯度平板流场特性所给出的流向涡分区结构（图 3-57），根据流动特点将流向涡分为八个不同的区域：边界层减薄区、近壁面下洗区、近壁面上洗区、边界层增厚区、流向涡上洗区、流向涡下洗区、涡顶及涡核。

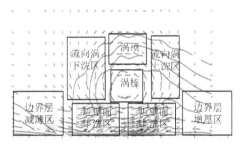

图 3-57　流向涡分区结构[145]

图 3-58 给出了射流速度比 VR 分别为 1 和 2 时，斜射流工况 x/d =10 截面的时均流向速度分布。由图可见，当 VR = 1 时，边界层减薄区的厚度约为边界层增厚区厚度的一半。在近壁面下洗区存在明显的二次流，二次流速度几乎达到主流速度的 20%。在近壁面下洗区外侧，最大流向速度出现在流向涡中心，其值约为主流速度的 75%。这与 Khan 等[145]在涡旋射流控制无压力梯度平板流动分离实验

中观测到的流动结构相似。当 VR =2 时，近壁区的二次流变强，流速约达主流速度的 25%，同时流向涡中心向远离壁面的方向移动，中心速度减小。由于射流速度增大，近壁面上洗区右侧出现了一个与流向涡旋向相反的涡，形成不对称的反向涡对，大大减薄了边界层增厚区。

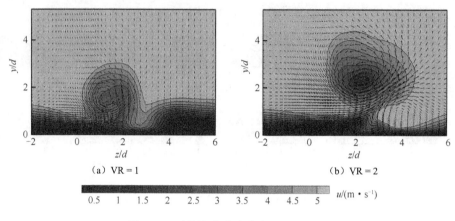

（a）VR = 1　　　　　　　　　　　（b）VR = 2

0.5　1　1.5　2　2.5　3　3.5　4　4.5　5　$u/(\mathrm{m \cdot s^{-1}})$

图 3-58　时均流向速度分布（$x/d = 10$）

　　（4）瞬态流动结构分析。图 3-59 和图 3-60 分别对比了直射流与斜射流工况某瞬时的流动结构细节，揭示了在斜射流中还存在一系列特殊的流动结构。在图 3-60 中，随着类发卡涡的发展，在射流孔下游发展成熟的类发卡涡涡腿外侧出现了不断增强的次生流向涡结构，图中标记为 A，该结构在直射流的发卡涡中几乎没有发现。这些次生结构很大程度上是由于斜射流的类发卡涡具有强烈的旋转与剪切作用，带动附近区域的流体脱离壁面向上移动而形成的。随着流动向下游发展，A 结构逐渐演化为大尺度的涡结构 B，这种结构比连续生成的主发卡涡结构强度更强。虽然这两种流动结构较为清晰，但还不能完全判定其来源机制，不过可以确定的是，与直射流工况相比，斜射流在射流孔下游更加快速和剧烈地破碎为湍流。显然，次生涡结构对壁面附近能量与质量输运的增大以及耗散的增强均具有重要作用。

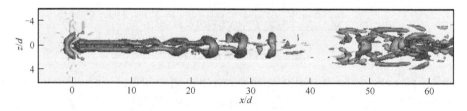

图 3-59　定常直射流某时刻 $\lambda_2 = -20000$ 瞬态等值面（VR = 1，俯视图）

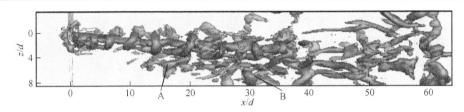

图 3-60 定常斜射流某时刻 $\lambda_2 = -20000$ 瞬态等值面（VR = 1，俯视图）

图 3-61 所示为 VR = 1 的直射流工况下 $z = 0$ 截面的瞬时展向涡涡量图。图中白色线为 $\lambda_2 = -20000$ 等值线。通过 λ_2 等值线可以将发卡涡和分离的剪切层关联起来，其中白线包裹的区域为发卡涡，深色区域为射流剪切层，可以看出展向涡集中的区域是强剪切层存在的位置。射流剪切层位于发卡涡涡腿上方，剪切层涡量最大的区域与发卡涡涡头位置重合，这与涡腿附近的低速流体进入上层、剪切层的卷起区域一致，表明与竖直方向速度梯度相关的 Kelvin-Helmholtz 机制是发卡涡生成的主要原因。

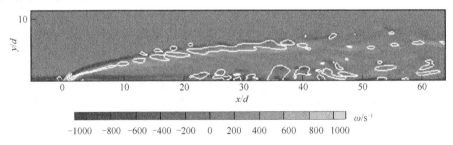

图 3-61 直射流 VR = 1 工况下 $z = 0$ 截面瞬时展向涡涡量图

但是要掌握这些涡的确切来源，则还需考虑 Yu 等[146]提出的纵向涡二次失稳模式，即与展向剪切相关的 sinuous 模式以及与竖直方向剪切相关的 varicose 模式。通过对斜射流 VR = 1 工况均方根速度 u_{RMS}（root mean square velocity）的分析发现，速度分布与 varicose 模式呈现一定的相似性（图 3-62），这也进一步说明了 varicose 模式是发卡涡生成的主要原因[147]。

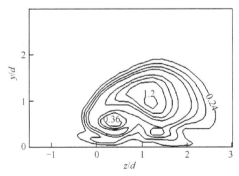

图 3-62 斜射流工况 u_{RMS} 速度分布（VR = 1，$z = 1.5d$ 截面）

3）脉冲射流控制逆压梯度平板边界层分离的数值结果分析

在相同的动量系数条件下，脉冲射流较定常射流具有更好的控制流动分离的效果，且脉冲射流与定常射流控制流动分离可能具有不同的物理机理。本节通过分析直射流和斜射流以及不同脉冲频率下，脉冲射流控制逆压梯度平板边界层分离的三维流动结构，进一步讨论脉冲射流控制流动分离的物理机制。

（1）三维涡结构分析。图 3-63 和图 3-64 分别给出了不同时刻脉冲直射流（f = 10Hz）流场的 λ_2 等值面图。两幅图清晰地展示了引入脉冲射流后，近壁面展向涡结构演化为 Λ 涡的全部过程。当 t = 0.15T 时，由于脉冲射流产生的周期性扰动，在 x=10d 处射流发卡涡的下方存在一个匍匐于壁面的展向涡，该涡基本分布在 z=0 截面两侧，并且随着流动的发展沿展向逐渐拉伸。当 t = 0.25T 时，展向涡中部沿法向缓慢抬升，受上层高速流体的带动沿流向翘起。当 t = 0.30T 时，突起部分进一步向前突出，而展向涡的两翼由于受到壁面黏滞作用无法以相同速度沿流向运动，于是展向涡被逐渐拉伸，Λ 涡基本形成。由图 3-64 可以发现，湍流相干结构的产生、发展与脉冲射流控制流动分离密切相关，这与 Terzi 等[148]的研究结果相符。不过，湍流相干结构在 x = 40d 下游才生成，说明其并非脉冲射流控制流动分离的主要原因。

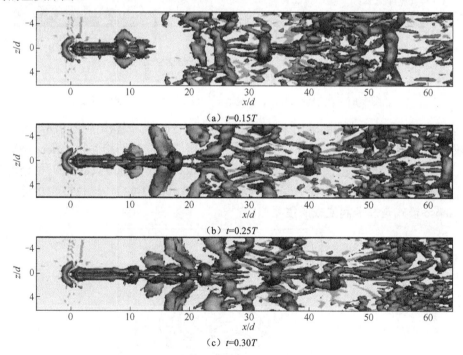

（a）t=0.15T

（b）t=0.25T

（c）t=0.30T

图 3-63　脉冲直射流（f = 10Hz）不同时刻 λ_2= −40000 瞬态等值面（俯视图）

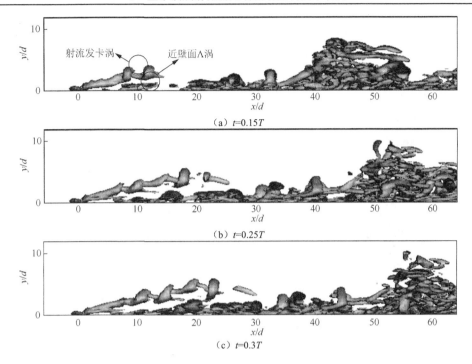

图 3-64 脉冲直射流（$f = 10$Hz）不同时刻 $\lambda_2 = -40000$ 瞬态等值面（侧视图）

本书中 Λ 涡的形成机制与 Haidari 等[149]利用射流槽将低速流体注入平板表面稳定层流时所观察到的湍流斑类似。通常认为，边界层内部初始扰动将发展成二维 T-S 波，由于非线性作用，不稳定的 T-S 波又发展成三维 Λ 涡，同时扰动快速增长，导致层流失稳，在局部区域形成剧烈的不稳定湍流区，即湍流斑。湍流斑的不断产生和堆积最终将导致流动发展为完全的湍流状态[150]。边界层流动中湍流斑的形成主要取决于局部脉动的类型、扰动强度和扰动频率等因素，其与足够大的外部扰动密不可分，因此脉冲射流在近壁区产生 Λ 涡的机制是来流脉动导致的边界层 By-Pass 转捩。

需要注意的是，图 3-63 中新 Λ 涡的涡头是通过展向涡腿串联后发展而来的。但在转捩后期，即射流下游远区（$x > 30d$）的零压力梯度环境下，新 Λ 涡和二次流结构不再连续生成，并且随着 Λ 涡向下游运动，强涡区也有所衰减。这说明脉冲射流控制流动分离的主要原因可能并不是其产生的流向涡结构，或者可以认为边界层转捩对分离流动的控制作用可能比流向涡结构更大。Fasel 等[151]和 Memory 等[152]研究了脉冲射流的瞬态流动特征，也提出了脉冲射流控制流动分离及再附的转捩机制，其结论与本书一致。综上所述，脉冲射流控制流动分离的物理机制应该主要为边界层的 By-Pass 转捩。

（2）不同射流脉冲频率的影响。为了研究脉冲射流频率变化对逆压梯度平板边界层分离控制效果的影响，本节选择两种脉冲频率（$f = 20$Hz 和 40Hz）进行对比分析，射流速度比 VR 和占空比 DC 分别取为 1 和 0.5。图 3-65 给出了脉冲频率为 20Hz 和 40Hz 时，脉冲斜射流工况在 $x = 5d$ 和 $x = 20d$ 处锁相平均的壁面切应力的分布。在流向位置 $x = 5d$ 处，当脉冲频率为 20Hz 时，射流孔口处沿射流方向一侧的壁面切应力存在明显的持续峰；而当脉冲频率为 40Hz 时，射流孔口一侧壁面的切应力变化较平缓，幅值也较低，并且随着脉冲频率的增大，切应力显著升高的区域延后了约 1/4 个周期。在 $x= 20d$ 位置，当脉冲频率为 20Hz 时，整个脉冲周期呈现出多个切应力峰值，这表明此时流动分离的控制效果较好。

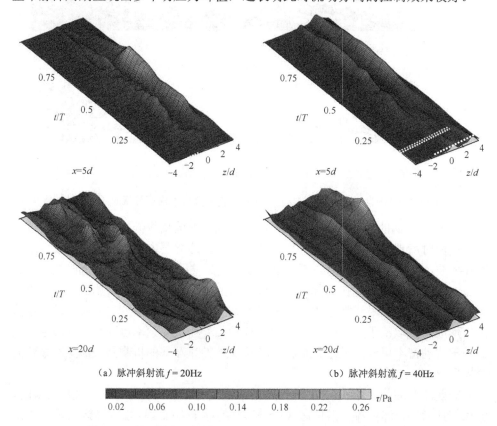

（a）脉冲斜射流 $f = 20$Hz　　　　　　　　（b）脉冲斜射流 $f = 40$Hz

图 3-65　逆压梯度平板壁面切应力分布随脉冲斜射流频率的变化

　　表 3-13 和图 3-66 分别给出了经过展向平均的时均平板分离区长度及平板壁面压力系数随脉冲频率的变化。从中可以看出，脉冲频率的变化对分离区长度和平板壁面压力系数的影响并不显著，但当脉冲频率为 20Hz 时，分离区长度更短，壁面压力系数更高，因此与其他脉冲频率相比，20Hz 的脉冲射流可以更为有效地抑制逆压梯度平板边界层的流动分离。

表 3-13 逆压梯度平板分离区长度随脉冲斜射流频率的变化

射流频率/Hz	展向平均的时均分离点位置	展向平均的时均再附点位置	分离区长度
10	16.575d	18.175d	1.6d
20	16.9d	17.95d	1.05d
40	18.175d	19.375d	1.2d

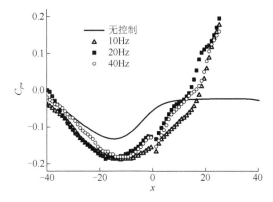

图 3-66 不同脉冲频率下逆压梯度平板壁面压力系数沿流向的分布

3.4 结 论

本章从涡旋射流瞬时流场和涡旋结构的研究出发，将射流流动控制与其动力学机制相结合，通过揭示定常射流和脉冲射流流场中各种涡结构的内在机制和演化特征，并对比不同射流方式下的流动控制效果，深入探讨涡旋射流控制流动分离的物理机理，进而促进其在实际工程问题中的应用。本章的主要结论如下。

（1）涡旋射流控制扩压器流动分离的实验证明，在 3 种主流雷诺数下，VR>1.5 的涡旋射流流动控制效果明显。圆锥扩压器压力恢复系数随射流速度比的增大而增大；在相同 VR 情况下，高射流孔数具有更好的控制效果。PIV 实验结果显示，不对称反向涡对是 VGJs 的重要特征，其在射流近场较为明显，随着流动向下游发展，不对称反向涡对的强度逐渐减弱；射流孔下游形成了主体为肾形的附着涡对，附着涡对随着射流主体倾斜，其涡心位置发生了改变，但未发生周期性的涡脱落。

（2）VGJs 控制圆锥扩压器和矩形扩压器内部流场时，射流孔附近的强涡来源于剪切层涡，剪切层涡经过破碎和耗散，在射流下游近区发展为不对称的反向涡对。射流流场的涡结构主要由射流剪切层涡、马蹄涡系、尾迹涡和反向涡对组成。由于速度梯度大小的变化，射流剪切层涡的结构随着时间推移从涡卷演化为了涡环；射流孔口前缘的马蹄涡系具有较强的稳定性；反向涡对具有明显的时均特性。

（3）射流产生的流向涡使主流流场边界层外高动量气流和边界层内低动量气流进行交换或平衡，增加了边界层内气流流动方向的动量及涡流附近的气流湍流度，从而将能量带入分离区使流动分离得到抑制。VGJs 控制后扩压器压力恢复系数明显增加，分离区长度缩短。影响定常 VGJs 控制的多个因素中，射流孔数目及射流倾斜角对控制效果的影响显著。选择合适的 VGJs 射流孔数及其射流倾斜角，可以更有效地控制扩压器内的流动分离。

（4）相同射流动量系数下，脉冲射流控制流动的效果优于定常射流。在定常射流工况下，斜射流控制流动分离的效果也明显优于直射流，而在脉冲射流工况下，斜射流和直射流的差异并不显著。在逆压梯度环境下，定常射流与脉冲射流控制流动分离的物理机制不同，脉冲射流所产生的涡结构并不是控制流动分离的主要原因。

4 基于合成射流的低压高负荷透平叶栅边界层分离控制研究

合成射流技术（synthetic jet）是近年来迅速发展的一种新兴的主动流动控制技术，是最有潜力的流动控制技术之一。该技术基于非线性系统对扰动比较敏感的特点，不断地向被控流动中注入非定常的微小扰动，这些扰动与被控流动相互耦合，使被控流动的宏观特性发生改变。合成射流技术在很多工程领域都具有广阔的应用前景，受到了国内外众多学者的关注。目前，合成射流的应用研究主要集中在控制边界层流动分离，降低流动损失、增强掺混以及加强传热传质等。

本章以 PakB 叶栅为研究对象，采用大涡模拟方法分析合成射流对叶栅吸力面流动分离的控制作用，获得了 PakB 叶栅分离流动的非定常特性，分析了合成射流控制流动分离的作用、机理以及不同参数对控制效果的影响，所得结果可以为叶栅设计人员及合成射流控制技术的应用提供参考。

4.1 合成射流技术原理及数学描述

4.1.1 合成射流技术原理

1. 合成射流激励器

合成射流控制中的关键部件是合成射流激励器（synthetic jet actuator，SJA），它是一个只有几十微米或者几毫米的微机电系统（micro-electro-mechanical system，MEMS），主要由激励器腔体和振动薄膜两部分组成。激励器腔体的一端开设小孔或细缝，另一端安装电磁激励薄膜。振动薄膜由压电材料和金属薄膜组成，用于将电能转化为薄膜的动能，将电信号转化为薄膜的振动特性，然后带动激励器空腔中的流体振动，产生吹、吸作用。

合成射流激励器按激励模式可分为压电薄膜振动式、活塞振动式以及声波激励式三种类型，按集成模式可分为单激励器和阵列激励器两种类型，按结构形式则可分为振动膜式和跳板膜式[153]两种类型。进行流动控制时通常采用振动膜式激励器，由于压电薄膜振动式激励器结构简单、响应迅速、工作频域宽[153]，因此广泛应用于合成射流的研究，本章研究也采用这种激励器。

2. 合成射流的涡旋生成过程

下面以佐治亚理工学院 Glezer 教授等研制的合成射流激励器[154]为例，详细介绍合成射流生成涡旋的过程。如图 4-1 所示，该激励器是一个利用 MEMS 技术和蚀刻方法加工成的矮方形空腔体，厚度为几百微米，深度为几十微米，腔体底面尺寸为 75mm×75mm，顶部缝隙为 75mm×0.5mm。底面薄膜材料采用含有金属成分的聚酰亚胺，并且集成了压电陶瓷片。施以周期性电压信号，激励器便交替地产生吹出流体与吸入流体的作用。在吹出流体的过程中，缝隙附近的流体受到强烈的剪切作用，在缝隙出口边缘产生流动分离，分离流体随着腔内流体排出并向上卷起形成涡对，排出腔体的这部分流体主要集中在缝隙出口中轴线（即图中的 x 轴）附近。当激励器转为吸收流体时，吹出过程产生的涡对已经远离出口，因此不受吸收过程的影响。随着吹吸过程不断进行，在流场将形成一系列涡对。涡对形成后就以自诱导速度向下游即 x 轴正方向移动，其间能量不断耗散，相干结构逐渐消失，最终转变为湍流，与周围流体混为一体。合成射流涡旋就是在上述多个周期的振动作用下逐渐形成的。

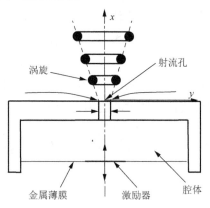

图 4-1　合成射流激励器模型[155]

通过涡旋生成过程可以看出，合成射流只需要电能输入，不需外界流体输入，净质量流量为零但动量不为零，因此也称为动量流或零质量射流。并且合成射流由许多小尺度涡对构成，所以又称为扰动控制流。

从激励器腔体排出的流体主要在出口中轴线附近流动，因此合成射流具有良好的方向性。而与一般射流不同的是，由于激励器可产生吸收流体的作用，所以合成射流流动会出现低压的卷吸场。合成射流易于进行电参数化控制，即可以通过改变电压幅值和频率等来改变激励器的工作性能[153]。同时，激励器对电信号的响应非常迅速，可以快速建立相对稳定的合成射流[156]。

4.1.2　合成射流激励器的数学模型及影响因素

1. 合成射流激励器的数学模型

由于激励器腔体很小，因此流动参数和金属薄膜振动的变化都很小，可以认为流动参数在激励器腔体内部均匀分布。基于这一特征及前人的研究，波音公司工程师 Donovan 等提出了一种合成射流激励器的改进数学模型，考虑了有效孔口宽度、无量纲激励频率、平均动量吹气系数以及脉动动量吹气系数等参数的影响，对于一般射流、振荡射流以及合成射流具有通用性[157]：

$$u_{jet}(\zeta, \eta = 0, t) = \sqrt{\frac{C}{2H}} U_{\infty} \left[\sqrt{C_u} + \sqrt{2\langle C_u \rangle} \sin\left(F^+ \frac{U_{\infty} t}{2\pi C} \right) \right] f(\zeta) e_{jet} \qquad (4\text{-}1)$$

式中，ζ 表示切线方向；η 表示法线方向；e_{jet} 决定了射流与物面的夹角；C 为叶片弦长；H 为有效射流孔径宽度；U_{∞} 为来流速度；C_u 为稳态平均动量吹气系数；$\langle C_u \rangle$ 为脉动动量吹气系数；F^+ 为无量纲激励器频率；$f(\zeta)$ 为沿射流喷口方向的空间分布函数。

沿射流喷口方向的空间分布函数 $f(\zeta)$ 影响着有效射流孔径宽度 H，其形式为[157]

$$f(\zeta) = \begin{cases} 1 \\ \sin(\pi\zeta) \\ \sin^2(\pi\zeta) \end{cases} \qquad (4\text{-}2)$$

对于给定的实际射流口宽度 d，其有效孔径宽度 H 为

$$H = d \sin\theta_{jet} \int_0^1 f(\zeta)^2 d\zeta \qquad (4\text{-}3)$$

式中，θ_{jet} 为单位射流与物面的夹角，即射流偏角。$\theta_{jet} = 0$ 代表切向射流，$\theta_{jet} = 90°$ 代表法向射流。从式（4-3）可以看出，有效射流孔口宽度与射流偏角 θ_{jet} 有关，当实际孔口宽度和射流速度不变时，射流偏角越小，合成射流注入到外界主流道中的动量越少。

无量纲激励器频率 F^+ 定义为流体流过物面的时间与射流周期之比：

$$F^+ = \frac{fC}{U_{\infty}} \qquad (4\text{-}4)$$

式中，f 为射流激励频率。

稳态平均动量吹气系数 C_u 的定义为

$$C_u = 2(H/C)(U_{jet}/U_{\infty})^2 \qquad (4\text{-}5)$$

式中，U_{jet} 为射流平均速度。脉动动量吹气系数 $\langle C_u \rangle$ 的定义为

$$\langle C_u \rangle = 2(H/C)(u'_{jet}/U_{\infty})^2 \qquad (4\text{-}6)$$

式中，u'_{jet} 为射流有效速度。当射流方式为合成射流时，$C_u = 0$，$\langle C_u \rangle \neq 0$。

2. 合成射流的影响因素

合成射流技术的核心部分是合成射流激励器，其性能及电信号决定了合成射流的能量水平、涡对的强度及迁移速度等。在进行流场控制时，由外界电压为激

励器提供能量驱动金属薄膜产生振动，激励器腔体内的流体随之发生谐振动，受控制的环境流体被吸入和吹出腔体，在激励器出口逐渐形成净质量流量为零但动量不为零的微尺度射流，射出流体与环境流体耦合可达到流场控制作用。激励器的尺寸、金属薄膜的面积、厚度、材料等对激励器性能影响很大。

对于给定尺寸的激励器，只有当金属薄膜的电压驱动频率与谐振动腔体的固有频率一致时，合成射流的强度才能达到最大，此时腔体内发生共振，可见合成射流的能量水平与驱动信号的频率、振幅等参数的组合有关。研究表明，影响合成射流控制效果的主要因素包括驱动性能、结构参数及流场特性[153]。

1）驱动性能

合成射流激励器不需要外界注入流体，只需要外界提供驱动电能，通过电参数信号进行控制，因此合成射流的控制效果与驱动参数直接相关。Mallinson[158]的研究表明，随着电信号驱动频率 f 和金属薄膜振幅 A 的增大，最大射流脉动速度 $\langle u'_{\text{jet}} \rangle$ 呈线性增大，即

$$\langle u'_{\text{jet}} \rangle \propto f, \quad \langle u'_{\text{jet}} \rangle \propto A \tag{4-7}$$

由于密度 ρ、黏性系数 μ 等流体物性参数对最大射流脉动速度 $\langle u'_{\text{jet}} \rangle$ 的影响很大，因此最大射流脉动速度与 fA 并不呈线性关系，则式（4-7）需修正为

$$\langle u'_{\text{jet}} \rangle = \phi(fA) + \psi(\rho, \mu) \tag{4-8}$$

电信号驱动频率 f 并非越大越好，一方面金属薄膜材料难以承受很高的驱动频率，另一方面，涡对形成和气体压力传递都需要时间，若涡对形成所需的时间大于气体压力传递的时间，则激励器将无法形成有效的合成射流。

研究还表明，当驱动频率小于某临界值时，最大射流脉动速度 $\langle u'_{\text{jet}} \rangle$ 与驱动频率 f 呈线性关系；当其值超过金属薄膜的固有频率时，随着 f 的增大，最大射流脉动速度 $\langle u'_{\text{jet}} \rangle$ 则先减小，后增大。

2）结构参数

结构参数主要包括激励器的腔体体积、出口缝隙尺寸，金属薄膜的厚度、材料与强度，压电片面积等[159-161]。

随着激励器腔体体积的增大，最大射流脉动速度 $\langle u'_{\text{jet}} \rangle$ 将随之减小。尤其是利用合成射流对气流进行控制时，通常金属薄膜的振幅较小，而气体的可压缩性较大，当腔体体积大到一定程度后，就无法形成合成射流，因此应选取较小的激励器腔体体积[156]。

最大射流脉动速度 $\langle u'_{\text{jet}} \rangle$ 还会随着激励器出口缝隙尺寸的减小而增大。但是当缝隙尺寸减小到一定程度时，流体黏性导致最大射流脉动速度不稳定甚至减小，因此采用合成射流进行流动控制时，应选取较小的激励器出口缝隙尺寸，但尺寸

不宜过小。

金属薄膜的厚度、材料、强度以及压电片面积的大小等也是不可忽略的因素。研究表明，最大射流脉动速度随压电片面积和金属薄膜厚度的增大而提高，又随压电片厚度的增大而降低。

此外，合成射流激励器的性能还与外界提供的电参数密切相关。

3）流场特性

影响合成射流控制效果的流场特性参数主要有雷诺数（Re）和斯特劳哈数（St），两参数分别定义为

$$Re = \frac{\rho d \langle u'_{jet} \rangle}{\mu} \qquad (4-9)$$

$$St = \frac{df}{\langle u'_{jet} \rangle} \qquad (4-10)$$

雷诺数决定了合成射流的流动状态。当雷诺数较大时，合成射流处于湍流状态，涡对能量的传递及耗散非常快，通常只在激励器出口缝隙处形成少量涡对，并迅速耗散；而当雷诺数较小时，合成射流处于层流状态，在激励器出口将形成一系列连续涡对，且耗散较慢。

斯特劳哈尔数则主要影响由合成射流产生的涡旋结构的尺寸。当斯特劳哈尔数增大时，涡核直径将减小，涡核直径与斯特劳哈数之间近似呈负对数关系[162]。

4.1.3　合成射流与主流的相互作用

合成射流技术是通过合成射流与主流的相互作用来达到流动控制效果的。当合成射流激励器工作时，在激励器出口缝隙处产生涡对，该涡对在主流来流侧的涡量与边界层剪切产生的涡量方向相反，叠加后涡量减小；而在另一侧的涡量则与边界层剪切产生的涡量方向一致，叠加后涡量增大。由于一侧涡量减小、另一侧涡量增大，该涡对发生变形，逐渐形成发卡涡，涡头不断抬升，涡体不断拉长并向横流下游迁移。在发卡涡的诱导作用下，主流中的高能流体进入边界层，而边界层中的低能流体则被裹挟到横流的主流区域。这种动量交换提高了边界层内流体的能量，增强了边界层抵抗逆压梯度的能力，从而达到控制边界层分离的目的[163]。

合成射流的吹气过程和吸气过程对边界层的作用机理有所不同。在吸气阶段，激励器出口上游的边界层流体进入腔体内部，造成边界层变薄，层内流体速度增大，完成了对边界层的动量输运。而吹气阶段，则是在主流的作用下，涡对发生变形，形成发卡涡结构，将边界层外的高能流体带入边界层内部，完成了对边界层的动量输运[139]。两个阶段虽然对边界层的作用机理不同，但都使边界层能量增大、抵抗逆压梯度的能力增强，因而达到了控制边界层分离的效果。

4.2　低压透平 PakB 叶栅流动分离的合成射流控制

当雷诺数较小时，在低压高负荷透平叶栅吸力面尾缘处可能发生流动分离，这将使叶栅总压损失大幅增加，并危害叶栅的安全运行。近年来，随着微机电系统技术的发展，合成射流已越来越多地应用于叶栅的流动控制，其优点是不需要外界提供射流流体，减小了控制结构的复杂性，并且对不同工况均具有良好的适应性。本节采用数值方法研究合成射流对低压高负荷透平 PakB 叶栅流动分离的控制，获得不同参数对合成射流控制效果的影响。

4.2.1　研究对象及数值方法

1. 研究对象

本节以普惠公司（Pratt & Whitney Group）开发的低压透平 PakB 叶栅为研究对象，图 4-2 和图 4-3 分别给出了叶栅整体几何结构及合成射流装置，叶栅的几何参数见表 4-1。

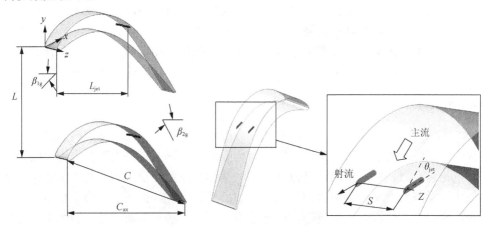

图 4-2　PakB 叶栅几何结构示意图　　　　　图 4-3　具有合成射流孔的 PakB 叶栅

表 4-1　具有合成射流孔的 PakB 叶栅几何参数

几何参数	符号	数值
弦长/mm	C	165.52
轴向弦长/mm	C_{ax}	149.98
栅距弦长比	L/C_{ax}	0.80
叶栅入口角/（°）	β_{1g}	35
叶栅出口角/（°）	β_{2g}	60

<table>
<tr><td></td><td></td><td>续表</td></tr>
<tr><td>几何参数</td><td>符号</td><td>数值</td></tr>
<tr><td>安装角/（°）</td><td>γ</td><td>28</td></tr>
<tr><td>射流偏角/（°）</td><td>θ_{jet}</td><td>30</td></tr>
<tr><td>射流孔位置/%C_{ax}</td><td>L_{jet}</td><td>68</td></tr>
<tr><td>射流孔间距/mm</td><td>S</td><td>20</td></tr>
<tr><td>射流孔孔径/mm</td><td>d</td><td>2</td></tr>
</table>

计算域如图 4-4 所示。为了使流动充分发展，取计算域进口与叶栅前缘的距离为 $1.0C_{ax}$，出口与叶栅尾缘的距离为 $1.0C_{ax}$。计算域展向高度取 $0.1C_{ax}$ 时，叶栅吸力面分离转捩的数值计算即可满足精度要求[164]。为了保证计算精度且尽量减小计算量，本节研究中计算域展向高度取为 20mm，与射流孔间距相等。选取图 4-5 所示的四个观察截面进行流动分析，分别为截面 1（$z/d=0$）、截面 2（$z/d=2.5$）、截面 3（$z/d=5.0$）及截面 4（$z/d=7.5$）。

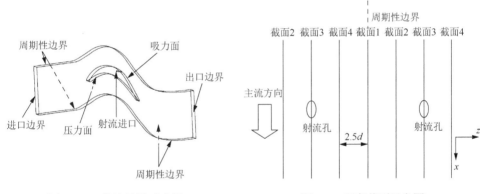

图 4-4　三维计算域示意图　　　图 4-5　观察截面示意图

2. 网格剖分

图 4-6 所示为整个计算域、射流孔、叶栅前缘及尾缘的网格。选取 Re=55370 工况进行网格无关性验证，最终确定节点数为 182 万时可满足精度要求。在这一网格数下，叶片近壁面第一层网格高度约为 1×10^{-6} mm，$y^{+}<1.0$，满足计算要求。

3. 边界条件

设叶栅通道进口速度 $u_1=U_{\infty}=6$m/s，则基于叶栅通道进口速度 u_1 和叶片轴向弦长 C_{ax} 的雷诺数 Re=55370；叶栅通道出口平均静压为 0kPa，参考压强为 97kPa。无合成射流控制时，射流进口速度为 0m/s；有合成射流控制时，根据式（4-1）计算射流进口速度，计算时取射流孔宽度 $d=2$mm、沿射流喷口方向的空间分布函数 $f(\zeta)=1$、有效射流孔径宽度 $H=1$mm。式（4-1）中的 $F^{+}\dfrac{U_{\infty}t}{2\pi C}$ 定义为合成射流相位角 θ，图 4-7 给出了合成射流速度 u_{jet} 随相位角 θ 的变化关系。

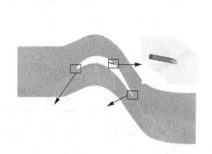

图 4-6　叶栅计算域网格示意图　　　　图 4-7　合成射流速度随时间变化的函数曲线

本节首先求解雷诺时均方程获得稳态结果，然后以此为初场进行大涡模拟。非稳态流动周期为 $T = C_{ax} / u_1 = 0.025\mathrm{s}$，一个周期分 400 步进行计算，计算采用的时间步长为 $\Delta t = 6.25 \times 10^{-5}\mathrm{s}$，满足 CFL 条件，总计算时间为 0.15s。

4.2.2　低压透平 PakB 叶栅流动特性的数值研究

本节首先采用大涡模拟方法，对无合成射流控制时 PakB 叶栅流动分离特性进行了数值研究。定义时均压力系数 C_p 为

$$C_p = \frac{p - p_1}{\frac{1}{2} \rho_1 u_1^2} \tag{4-11}$$

式中，p 为叶栅表面静压；p_1 为叶栅进口静压；ρ_1 为叶栅进口气流密度；u_1 为叶栅进口气流速度。

定义时均壁面摩擦系数 C_f 为

$$C_f = 2 \frac{\tau_w}{\rho_1 u_1^2} \tag{4-12}$$

式中，τ_w 为壁面摩擦应力。

图 4-8 所示为 PakB 叶栅表面时均压力系数分布。由图可见，在叶栅吸力面 0～61%C_{ax} 区域内，时均压力系数 C_p 不断减小，流速逐渐增大，这是吸力面的加速区。而在加速区之后约 15%C_{ax} 的区域内，时均压力系数又迅速增大，形成较强的逆压梯度。边界层流体在该逆压梯度及黏性力的共同作用下速度逐渐减小，当靠近叶栅吸力面尾缘壁面的流体速度减小为零时，流动将脱离壁面发生分离，图中逆压梯度区之后的平坦区表明出现了流动分离。其后，压力系数稳定了一段距离又急剧增大，这说明分离流动发生了再附。一般认为 C_p 急剧增大的点为流动再附点，而分离点与再附点之间的区域就是流动分离区。

根据摩擦系数的定义，当流动发生分离和再附时，$C_f = 0$。图 4-9 给出了 PakB 叶栅吸力面时均摩擦系数分布，由图可见，流动在 72.39%C_{ax} 处（S 点）发生分离，

又在 95.73% C_{ax} 处（R 点）再附，分离泡长度为 23.34%C_{ax}。流动再附后，叶栅吸力面时均摩擦系数增大是因为边界层流动状态从层流转捩为湍流。

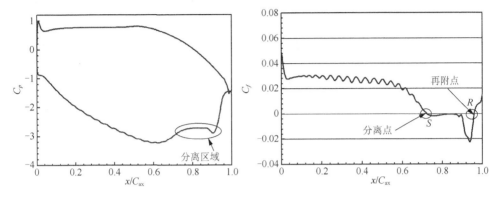

图 4-8　叶栅表面时均压力系数分布　　　图 4-9　叶栅吸力面时均摩擦系数分布

图 4-10 所示为不同时刻叶栅尾缘附近的静压及流线分布。从图中可以看出，在 t/T=0.27 时刻，吸力面尾缘附近出现了两个顺时针旋转的涡旋 A 和 B。随着时间的推进，涡旋 A 和 B 逐渐向叶栅下游输运，其中涡旋 B 不断增强变大，涡旋 A 则不断衰减。到 t/T=0.472 时刻，在涡旋 B 的下方紧贴壁面处出现了一个逆时针旋转的小涡旋 C，涡旋 C 使涡旋 B 破裂为 B1 和 B2，其后，涡旋 B1 和 B2 不断增强变大，而涡旋 A 则开始破碎成细小的涡旋。在 t/T=0.564 时刻，涡旋 A 完全破碎成小涡旋并且脱离叶片尾缘，涡旋 B2 则充分发展，占据了 t/T=0.27 时刻涡旋 A 的位置。这一瞬态结果展示了叶栅吸力面流动分离形成的顺时针涡旋向下游输运、破裂最后从叶栅尾缘脱离的过程，该分离泡形成、发展和脱落的周期为 $7.35×10^{-3}$ s。

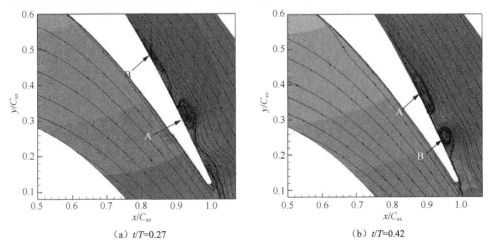

（a）t/T=0.27　　　　　　　　　（b）t/T=0.42

图 4-10　不同时刻叶栅尾缘附近静压与流线分布

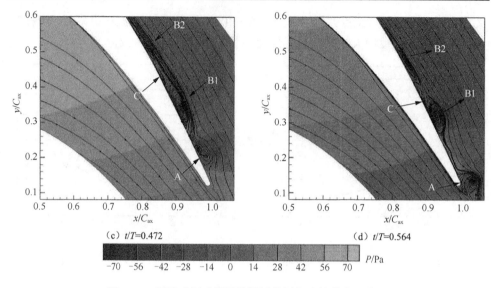

（c）t/T=0.472　　　　　　　　　　　　　（d）t/T=0.564

图 4-10　不同时刻叶栅尾缘附近静压与流线分布（续）

4.2.3　合成射流控制 PakB 叶栅流动分离的数值研究

由 4.2.2 小节的结果可知，低压透平 PakB 叶栅中的流动存在明显的分离现象，且分离区域较大。本节将采用合成射流对该工况下的流动分离进行控制，利用大涡模拟方法研究分离控制效果。表 4-2 所示为研究中所选取的流动及合成射流参数。

表 4-2　流动特性及合成射流参数

参数	符号	数值
叶栅进口速度/（m·s^{-1}）	u_1	6
雷诺数（基于进口流速与轴向弦长）	Re	55370
射流激励频率/Hz	f	40
最大射流脉动速度/（m·s^{-1}）	$\langle u'_{jet} \rangle$	5
无量纲激励器频率	F^+	1.107
脉动动量吹气系数	$\langle C_u \rangle$	0.01673

1.　大涡模拟时均结果分析

图 4-11 所示为合成射流控制前、后 PakB 叶栅表面时均压力系数分布，图中四条曲线分别表示截面 1、截面 2、截面 3 和无合成射流控制时时均压力系数的变化状况。由图可见，截面 1 与截面 2 的压力系数分布差别不大，截面 3 由于通过射流孔中截面，因此时均压力系数在射流孔附近发生突降，射流对该截面处的叶栅表面压力分布影响显著。相比无控制工况，采用合成射流进行流动控制后，三个截面时均压力系数曲线的平坦段均明显缩短，虽然流动分离位置变化不大，但再附位置大幅提前，流动分离区域显著缩短，表明 PakB 叶栅吸力面的流动分离得到了有效控制。

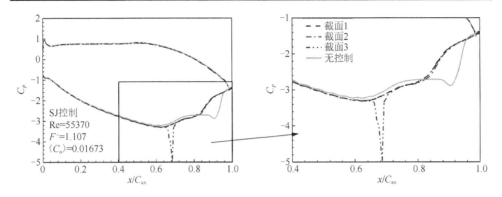

图 4-11　合成射流控制前、后 PakB 叶栅表面时均压力系数分布

图 4-12 给出了合成射流控制前、后 PakB 叶栅吸力面（截面 1）时均摩擦系数分布。可以看出，采用合成射流对流动分离进行控制后，分离点位置变化不大，只由 72.39%C_{ax} 略向下游移动至 72.89%C_{ax} 处；而再附点位置则大幅提前，由 95.73%C_{ax} 提前至 90.06%C_{ax} 处，提前了 5.67%C_{ax}，整个分离区尺寸大幅缩小。此结论与图 4-11 的结论一致，表明合成射流技术可以有效地控制 PakB 叶栅吸力面的边界层分离。

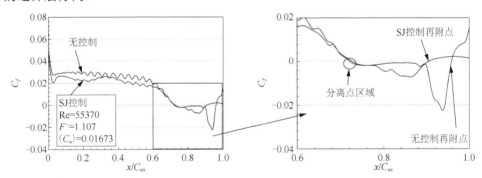

图 4-12　合成射流控制前、后 PakB 叶栅吸力面时均摩擦系数分布（截面 1）

图 4-13 为合成射流控制前、后 PakB 叶栅不同截面的时均总压云图与流线图。表 4-3 给出了控制前、后截面 1 的流动再附位置、分离泡长度及总压损失系数。从流线图可以看出，无控制时，叶栅吸力面下游存在大尺寸分离泡，流动分离区域很大。而采用合成射流对流动分离进行控制后，分离泡尺寸明显减小，流动分离区域大幅缩小。并且，从截面 1 到截面 3，分离泡尺寸不断减小，其中截面 3 的分离泡尺寸最小，这表明越靠近射流孔，流动分离区越小，合成射流的控制效果也越好。对比总压分布及总压损失系数可知，无控制时，叶栅吸力面分离泡区域的总压整体水平很低，流动的总压损失很大。而采用合成射流控制后，总压较低的区域大幅缩小，说明合成射流的引入显著降低了总压损失，具有良好的控制流动分离的作用。

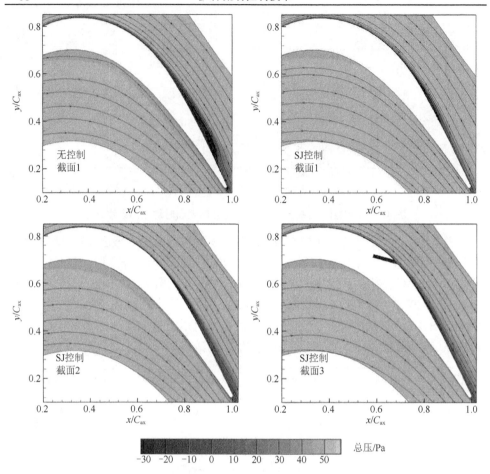

图 4-13　合成射流控制前、后 PakB 叶栅吸力面总压及流线分布

表 4-3　合成射流控制前、后 PakB 叶栅的流动再附位置、分离泡长度及总压损失系数

工况	x_s / C_{ax}	x_r / C_{ax}	$(x_r - x_s) / C_{ax}$	ω
无控制	72.39%	95.73%	23.34%	4.254%
SJ 控制（$F^+ = 1.107, \langle C_u \rangle = 0.01673$）	72.89%	90.06%	17.17%	3.097%

2. 大涡模拟瞬态结果分析

基于瞬态结果，可以更为全面地掌握合成射流与叶栅边界层的相互作用过程，分析合成射流控制叶栅边界层分离的机理。由于合成射流速度呈周期性变化，本节在一个周期中选取了 4 个时刻进行研究，这 4 个时刻为 0、$\frac{2}{8}T$、$\frac{4}{8}T$ 及 $\frac{6}{8}T$，分别对应合成射流相位角 $\theta=0°$、$90°$、$180°$ 及 $270°$。图 4-14 为合成射流控制前、后不同时刻的叶栅展向涡量分布。由无控制工况的涡量云图可以看到，剪切层随着主流向下游移动并且不断抬升，当其到达一定位置后，由于叶栅吸力面尾缘出

现涡旋，剪切层断开并卷起形成二维展向涡，展向涡不断地旋转与振荡，最终破碎为湍流。

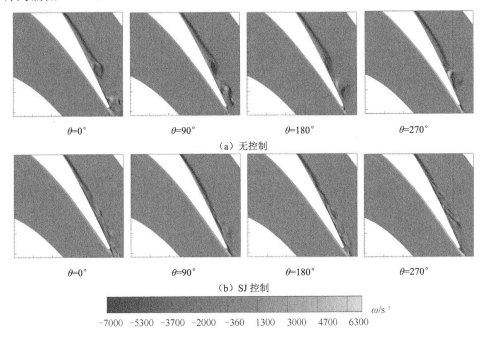

图 4-14 控制前、后不同时刻叶栅尾缘展向涡量分布

合成射流包括吹气过程和吸气过程。当相位角从 0° 变化到 180° 时，合成射流速度为正，速度值先增大后减小，处于吹气过程；而当相位角从 180° 变化到 360° 时，合成射流速度为负，速度绝对值先增大后减小，处于吸气过程。

引入合成射流进行流动控制时，在吹气过程中，射流不断地注入主流边界层，提高了边界层内的能量，使边界层抵抗逆压梯度的能力增强，因此分离流动的再附位置提前，分离区尺寸减小。从图 4-14 中可以看到，由于合成射流的控制作用，剪切层随主流抬升的高度低于无控制工况，没有形成大尺度涡旋，并且剪切层在抬升一段后很快又黏附于叶栅壁面，在运动中不断摆动，逐渐破碎为湍流。在吸气过程中，射流不断地从边界层中抽吸气体，使边界层变薄，层内流速增大，推迟和抑制了边界层分离。剪切层虽然随主流抬升，但很快就会被边界层内由于合成射流作用而加速的流体卷吸进来，再次黏附于叶栅表面，然后振荡着向叶栅下游迁移。在吸气过程中，剪切层绝大部分黏附于叶栅壁面，流动分离得到了有效控制。

图 4-15 给出了控制前、后 PakB 叶栅尾缘处不同时刻的 $\lambda_2 = -1000000$ 等值面。

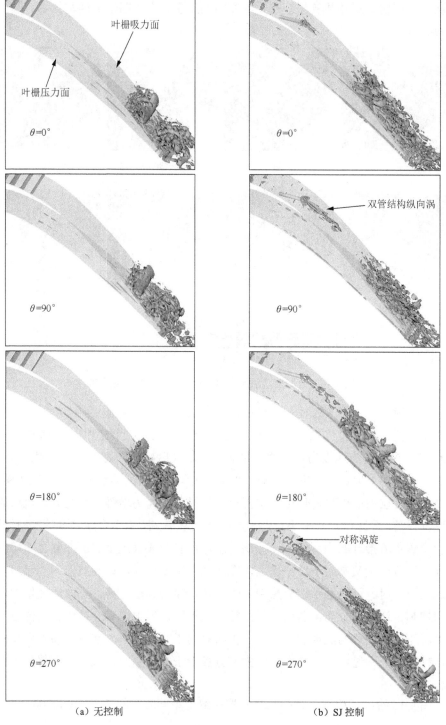

（a）无控制　　　　　　　　　　　　　（b）SJ 控制

图 4-15　控制前、后叶栅尾缘区域 $\lambda_2 = -1000000$ 等值面图

由图 4-15 可见，无控制时，叶栅吸力面上游为层流流动，在主流的推动下，剪切层逐渐离开壁面，最后在吸力面下游破碎为湍流，分离流动再附。而引入合成射流控制后，由于射流对剪切层的作用，流动再附位置大幅提前。

当相位角为 0° 时，射流刚刚产生，速度很小，当与主流相遇时，很快就在主流高能流体的作用下被卷入边界层，没有形成充分发展的涡结构；当相位角为 90° 时，射流速度达到最大值，边界层被射流喷出的流体卷起，形成双管结构纵向涡，随着时间的推进，射流与主流作用卷起的涡旋向下游流动，能量逐渐减弱，最后发展为不稳定涡结构；当相位角为 270° 时，射流吸气速度达到最大，在射流孔上游形成了关于射流孔中截面对称的小涡结构；其后，射流下游的有序涡旋与不稳定涡结构相互作用，慢慢转变为无序涡旋，形成湍流。

3. 不同因素对合成射流控制效果的影响

很多因素会影响合成射流控制流动分离的效果，如脉动动量吹吸系数、无量纲激励器频率、雷诺数等，下面对各因素进行具体分析。

1）脉动动量吹气系数 $\langle C_u \rangle$ 的影响

为了考察脉动动量吹气系数对合成射流控制效果的影响，基于雷诺数 Re = 55370、激励器频率 $F^+ = 1.107$ 工况，采用 3 种不同的脉动动量吹气系数进行对比分析，具体参数见表 4-4。

表 4-4　脉动动量吹气系数对控制效果影响的对比分析工况参数

工况	Re	F^+	$\langle u'_{jet} \rangle$ / (m·s⁻¹)	$\langle C_u \rangle$
工况 1	55370	1.107	1	0.00067
工况 2	55370	1.107	2.5	0.004183
工况 3	55370	1.107	5	0.01673

图 4-16 为 3 种脉动动量吹吸系数工况下，截面 1 处叶栅吸力面尾缘附近的时均压力系数分布，图中还给出了无合成射流控制工况的曲线。可以看出，3 种工

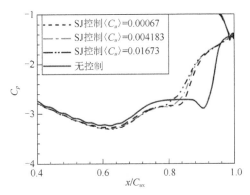

图 4-16　控制前、后叶栅吸力面尾缘附近的时均压力系数分布（截面 1）

况压力系数曲线的平坦段均显著小于无控制工况，流动控制效果明显，并且随着脉动动量吹吸系数$\langle C_u \rangle$的增大，压力系数曲线的平坦段逐渐缩短，即分离区尺寸不断减小，这说明随着$\langle C_u \rangle$的增大，合成射流对分离流动的控制效果逐渐增强。

表 4-5 给出了不同脉动动量吹气系数工况的流动分离点、再附点位置以及总压损失系数。可以看出，随着$\langle C_u \rangle$的增大，分离点位置逐渐后移，再附点位置不断提前，分离区缩小，叶栅通道的总压损失系数也相应减小。

表 4-5　不同脉动动量吹气系数工况下分离点、再附点位置及总压损失系数

工况	$\langle C_u \rangle$	x_s / C_{ax}	x_r / C_{ax}	$(x_r - x_s) / C_{ax}$	ω
工况 1	0.00067	72.04%	91.65%	19.61%	3.561%
工况 2	0.004183	72.63%	90.92%	18.29%	3.325%
工况 3	0.01673	72.89%	90.06%	17.17%	3.097%

图 4-17 给出了不同$\langle C_u \rangle$工况下，截面 1 处 PakB 叶栅通道的时均总压分布和

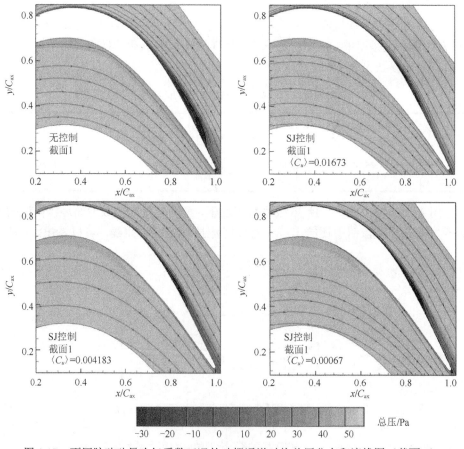

图 4-17　不同脉动动量吹气系数工况的叶栅通道时均总压分布和流线图（截面 1）

流线图。可以看出，3 种脉动动量吹气系数工况都具有很好的控制效果，叶栅吸力面下游分离泡尺寸均比无控制工况大幅度减小，并且$\langle C_u \rangle$越大，分离泡尺寸越小，叶栅尾缘附近总压较低的区域也越小，合成射流的控制效果增强。

2）无量纲激励器频率 F^+ 的影响

除了脉动动量吹吸系数之外，无量纲激励器的频率也会影响合成射流的控制效果。为此，基于 Re=55370，$\langle C_u \rangle = 0.01673$ 工况，分别采用 3 种射流频率（40Hz、80Hz 和 120Hz）进行对比分析，其对应的无量纲激励器频率 F^+ 分别为 1.107、2.213 和 3.32，具体参数如表 4-6 所示。

表 4-6　无量纲激励器频率对比分析工况参数

工况	Re	$\langle C_u \rangle$	f / Hz	F^+
工况 1	55370	0.01673	40	1.107
工况 2	55370	0.01673	80	2.213
工况 3	55370	0.01673	120	3.320

图 4-18 所示为无控制工况和 3 种无量纲激励器频率工况下，截面 1 处 PakB 叶栅吸力面尾缘附近的时均压力系数分布。由图可见，3 种工况的压力系数曲线平坦段均显著小于无控制工况，叶栅通道内流动分离得到了有效控制。其中，$F^+ = 2.213$ 时，叶栅吸力面尾缘时均压力系数曲线上升得最为连续平滑，表明合成射流在该激励频率下控制效果最好。

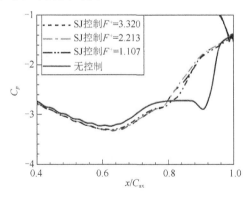

图 4-18　不同无量纲激励器频率工况的叶栅吸力面尾缘附近时均压力系数分布（截面 1）

图 4-19 所示为不同无量纲激励器频率工况下，截面 1 处叶栅通道的时均总压分布和流线图。可以看到，3 种工况叶栅吸力面下游分离泡尺寸均大幅度减小，具有良好的控制效果，其中，$F^+ = 2.213$ 工况的分离泡尺寸、低总压区域最小，控制效果最好。

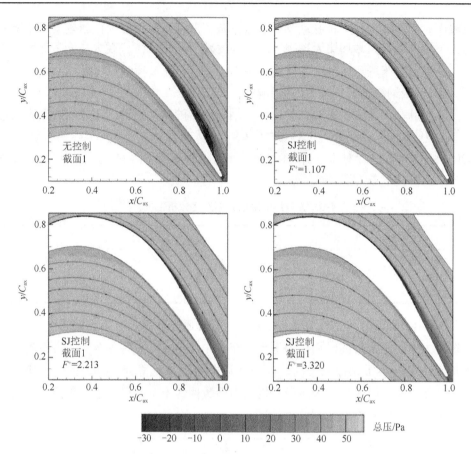

图 4-19 不同无量纲激励器频率工况的叶栅吸力面时均总压分布和流线图（截面 1）

表 4-7 给出了不同无量纲激励器频率下，流动分离点、再附点位置及总压损失系数。由表可见，当 $F^+ = 2.213$ 时，叶栅通道的总压损失系数最小，为 2.428%。因此，在其他参数一定的情况下，存在最优无量纲激励器频率，可使合成射流对流动分离的控制效果达到最佳。

表 4-7 不同无量纲激励器频率工况的分离点、再附点位置及总压损失系数

工况	F^+	x_s / C_{ax}	x_r / C_{ax}	$(x_r - x_s) / C_{ax}$	ω
工况 1	1.107	72.89%	90.06%	17.17%	3.097%
工况 2	2.213	73.46%	87.77%	14.31%	2.428%
工况 3	3.320	73.21%	89.82%	16.61%	2.853%

3）雷诺数的影响

本书选取 3 种不同的雷诺数 Re=27841、55695 及 83578，对合成射流的控制效果进行对比分析。图 4-20 所示为无合成射流控制时，3 种不同雷诺数工况的叶栅表面时均压力系数对比。从图中可以看出，不同雷诺数工况下，叶栅压力面压

力系数分布基本一致，吸力面压力系数分布略有差别。当 Re = 27841 时，叶栅吸力面逆压梯度较大，层流边界层发生分离，并且分离流动没能再附，形成了"开式"分离；并且，压力面与吸力面的压差较小，叶栅做功能力较差。而当 Re = 55695 和 83578 时，流动均在叶栅吸力面后部发生分离，又在尾缘前再附；同时，随着雷诺数的增大，分离区逐渐缩短。

图 4-21 给出了无合成射流控制时，3 种不同雷诺数工况的叶栅吸力面时均壁面摩擦系数对比。由图可见，随着雷诺数的增大，分离位置推迟，再附位置前移，分离泡尺寸缩短，与图 4-20 所得结论一致。

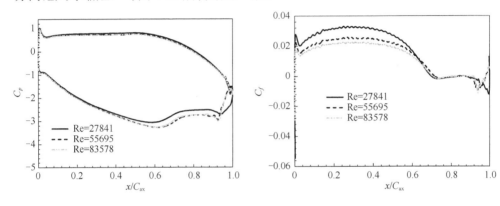

图 4-20　不同雷诺数下时均压力系数　　　图 4-21　不同雷诺数下时均壁面摩擦系数

图 4-22 为合成射流控制前、后，不同雷诺数工况的叶栅吸力面壁面摩擦系数对比。从图中可以看出，采用合成射流对流动分离进行控制后，3 种雷诺数工况均出现了流动分离位置后移，再附位置提前，分离区缩短的现象。尤其是 Re = 27841 工况，控制后，叶栅尾缘处的"开式"分离消失，产生了两个小分离泡，分离区尺寸大幅缩短。

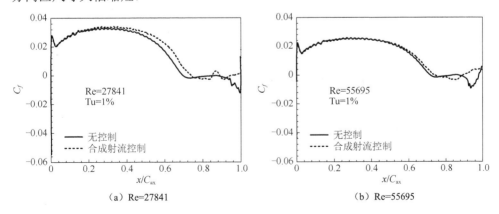

（a）Re=27841　　　　　　　　　　　（b）Re=55695

图 4-22　合成射流控制前、后不同雷诺数工况的叶栅吸力面时均壁面摩擦系数分布

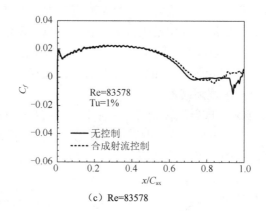

（c）Re=83578

图 4-22　合成射流控制前、后不同雷诺数工况的叶栅吸力面时均壁面摩擦系数分布（续）

表 4-8 给出了合成射流控制前、后，不同雷诺数工况的叶栅分离泡尺寸变化。由表可见，合成射流在 3 种雷诺数工况下均具有良好的流动控制效果。当 Re = 83578 时，分离区尺寸减小得最多，控制效果最好。

表 4-8　合成射流控制前、后不同雷诺数工况的分离泡尺寸变化

Re	控制前$(x_r-x_s)/C_{ax}$	控制后$(x_r-x_s)/C_{ax}$	尺寸变化/C_{ax}
27841	30.32%	24.22%	−6.10%
55695	26.56%	16.27%	−10.29%
83578	27.56%	14.95%	−13.61%

4）气流攻角 i_1 的影响

本书对比分析了气流攻角 i_1 为 0°，−2.5°，−5°时合成射流的流动控制效果。图 4-23 所示为无合成射流控制时，不同气流攻角下，叶栅表面时均压力系数及吸力面时均壁面摩擦系数对比。从图中可以看出，攻角对叶栅压力面的压力系数影响不大，对吸力面压力系数的影响则较为显著。随着气流负攻角的增大，叶栅吸力面压力系数明显增大，叶栅做功能力随之下降。同时，流动分离位置提前，再附位置后移，分离区尺寸增大，当气流攻角为−5°时，甚至形成了"开式"分离，流动损失大幅增加。

图 4-24 所示为不同气流攻角下，叶栅吸力面时均壁面摩擦系数分布。由图可见，采用合成射流进行流动控制后，各工况吸力面均出现流动分离推迟、再附提前、分离区尺寸缩短的现象，因而流动损失降低。特别是气流攻角为−5°时，进行流动控制后，叶栅尾缘处的"开式"分离消失，形成了"闭式"分离泡。

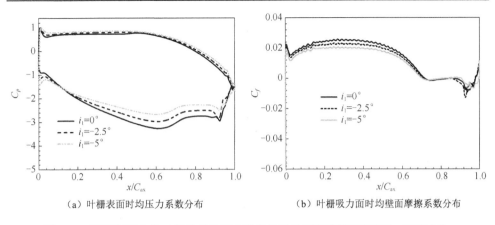

（a）叶栅表面时均压力系数分布　　　　（b）叶栅吸力面时均壁面摩擦系数分布

图 4-23　不同气流攻角工况的时均压力系数及时均壁面摩擦系数对比（无控制）

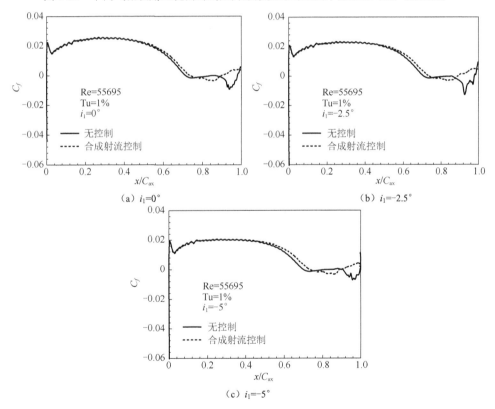

图 4-24　合成射流控制前、后，不同气流攻角工况的叶栅吸力面时均壁面摩擦系数对比

表 4-9 给出了合成射流控制前、后，不同气流攻角工况的叶栅分离泡尺寸变化。从表中可以看出，在 3 种不同气流攻角下，合成射流均具有良好的流动控制效果，控制后，分离区尺寸均大幅度减小。尤其是气流攻角为–5°时，原本的"开式"分离经流动控制后转化为"闭式"分离泡，控制效果显著。

表 4-9　　合成控制前、后不同气流攻角工况的分离泡尺寸变化

$i_1 / (°)$	控制前 $(x_r-x_s) / C_{ax}$	控制后 $(x_r-x_s) / C_{ax}$	尺寸变化 / C_{ax}
0	26.56%	16.27%	−10.29%
−2.5	26.97%	15.22%	−11.75%
−5	29.95%	18.19%	−11.76%

5）射流偏角 θ_{jet} 的影响

本书选取 3 种射流偏角（25°、30° 和 35°）来研究该角度对合成射流控制流动分离效果的影响，分别用射流模型一、射流模型二和射流模型三表示。图 4-25 所示为合成射流控制前、后，不同射流偏角工况的叶栅表面时均压力系数及吸力面时均壁面摩擦系数对比。由图可见，采用合成射流进行流动控制后，3 种射流偏角工况的吸力面流动分离位置都发生后移，再附位置提前，分离区缩短。不同射流偏角工况的流动分离位置基本相同，再附位置稍有区别，其中 30° 偏角工况的再附位置最靠前，分离区最短，具有最好的控制效果。

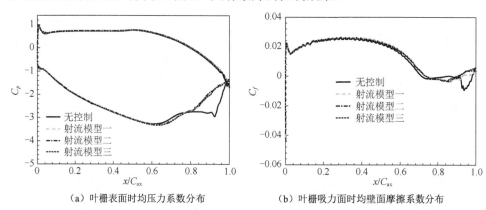

（a）叶栅表面时均压力系数分布　　　　（b）叶栅吸力面时均壁面摩擦系数分布

图 4-25　合成射流控制前、后不同射流偏角工况的时均压力系数及时均壁面摩擦系数对比

表 4-10 给出了合成射流控制前、后不同射流偏角工况的叶栅分离泡尺寸变化。从表中可以更为清晰地观察到射流偏角为 30° 时，分离区尺寸在控制前、后变化最大，控制效果最为明显。

表 4-10　　合成控制前、后不同射流偏角工况的分离泡尺寸变化

$\theta_{jet} / (°)$	控制前 $(x_r-x_s) / C_{ax}$	控制后 $(x_r-x_s) / C_{ax}$	尺寸变化 / C_{ax}
25	26.56%	19.00%	−7.56%
30	26.56%	16.27%	−10.29%
35	26.56%	18.35%	−8.21%

4.3 考虑尾迹影响的 PakB 叶栅流动分离的合成射流控制

由于叶栅尾缘有一定厚度，因此气流流出叶栅通道后会形成充满漩涡的尾迹区。当上游尾迹通过下游叶栅通道时，叶片间的相对运动将导致尾迹发生扭曲、掺混、剪切和拉伸等，影响下一排叶栅边界层内的流动。上游非定常尾迹的湍流度较高，其产生的非定常扰动与下游边界层相互作用，可以抑制边界层分离，减小叶型损失，特别是雷诺数较小的工况，上游非定常尾迹将显著影响下游叶栅通道的流动特性、边界层分离的产生和发展，以及叶栅表面的载荷分布。因此，研究上游尾迹对分离流动特性的影响，对于低压高负荷透平叶栅的设计具有重要意义。

本节采用周期性运动的圆柱模拟上游透平叶片尾缘，研究在上游尾迹影响下，低压透平 PakB 叶栅流动分离的合成射流控制。

4.3.1 考虑尾迹影响的 PakB 叶栅流动分离的实验研究

本节针对低压高负荷 PakB 叶栅，采用周期性运动的圆柱模拟真实叶片尾缘，研究了上游非定常尾迹对叶栅通道流场的影响，着重分析了非定常尾迹与边界层的相互作用，以及尾迹旋转频率对叶栅表面流动分离的影响。

1. 实验设备及方法

图 4-26 所示为尾迹扰流实验台系统及测试段示意图。实验台由可调风速的低湍流度风洞、PIV 和热线风速仪等测量系统以及示踪粒子系统组成。为了减小实验段壁面对叶栅通道内的流动造成影响，实验时对中间叶栅通道进行观察和测量，并将热线探针布置在叶栅进口上游 350mm 处，以测量叶栅进口气流速度和湍流度。

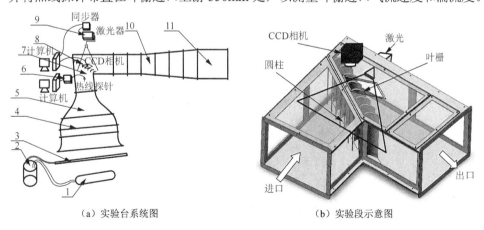

（a）实验台系统图　　　　　　　（b）实验段示意图

图 4-26　尾迹扰流实验台系统图及实验段示意图

1-空气压气机；2-烟雾发生器；3-排烟管；4-稳流段；5-收缩段；6-热线测量系统；7-实验段；
8-实验叶栅；9-PIV 测试系统；10-扩压段；11-混流风机

实验段通道截面尺寸为 800mm×600mm，叶栅布置在实验段拐角处，为等截面叶栅，几何参数见表 4-11。采用直径为 8mm、布置在距叶片前缘点 72mm 处的胶木圆柱模拟真实叶片尾缘，圆柱间距为 132mm。

表 4-11　实验叶栅几何参数

几何参数	数值
叶高/mm	600
节距/mm	132.81
弦长/mm	149
进气角/(°)	55
出气角/(°)	30

　　首先对有尾迹和无尾迹两种情况下 PakB 叶栅通道内的流动特性参数进行了实验测量，研究了叶栅表面的流动分离现象，以及非定常尾迹与叶栅表面分离流动之间的相互作用。实验工况如表 4-12 所示。

表 4-12　实验工况

叶栅进口速度 $U/(\text{m} \cdot \text{s}^{-1})$	进口湍流度/%	雷诺数	圆柱相对节距/%
2.94	0.481	28000	0，20，…，80

2. 无尾迹工况叶栅通道内流动特性的实验研究

　　图 4-27 给出了无尾迹工况的叶栅通道内流动参数分布，其中图 4-27（a）为 PIV 拍摄获得的流场状况，图 4-27（b）、图 4-27（c）、图 4-27（d）、图 4-27（e）分别为经过数据处理后得到的速度云图、涡量云图、速度矢量图及流线图。从图中可以看出，在黏性力和逆压梯度的共同作用下，叶栅吸力面边界层在图 4-27（a）中圆圈所示位置开始脱离叶栅表面，流动发生分离，随后分离流体又被分离涡卷吸重新进入边界层。分离涡的存在使叶栅吸力面出现大范围低速区域，如图 4-27（b）所示。分离涡产生后即向下游运动，其间尺寸不断变大，影响区域也逐渐增大，如图 4-27（c）～图 4-27（e）所示。

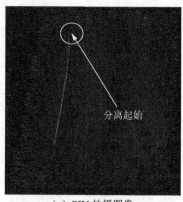

分离起始

（a）PIV 拍摄图像

图 4-27　无尾迹工况下叶栅通道内流动参数的实验结果

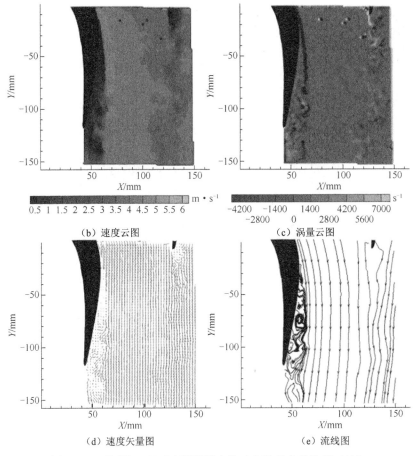

（b）速度云图　　　　　　　　　　　（c）涡量云图

（d）速度矢量图　　　　　　　　　　（e）流线图

图 4-27　无尾迹工况下叶栅通道内流动参数的实验结果（续）

3. 非定常尾迹对叶栅表面流动分离影响的实验研究

图 4-28 给出了上游非定常尾迹处在 0%、20%、40%、60%及 80%叶栅节距位置时，PIV 拍摄到的叶栅通道内流动状况，图中圆圈所示为上游尾迹。由图可见，上游尾迹进入叶栅吸力面边界层后，使边界层流动的湍动程度增大，流动状态由层流转换为不规则湍流，增强了边界层与主流之间的能量交换，大幅提高了边界层抵抗逆压梯度的能力。随着尾迹流不断远离叶栅吸力面，尾迹对边界层的影响减弱，边界层恢复为层流状态，叶栅表面又开始出现流动分离。

图 4-29 所示为叶栅通道内的流线图。从图中可以看到，当上游尾迹处在 0%节距位置时，尾迹在叶栅前缘被分割为两部分，一部分随主流进入压力面侧，另一部分进入吸力面侧的边界层内。与无尾迹工况相比，吸力面流动分离得到一定控制，分离区和分离泡尺寸有所减小，但是进入边界层的尾迹流较少，未能完全抑制流动分离。当上游尾迹移动到 20%、40%节距位置时，大部分尾迹流进入叶栅表面边界层内，叶栅吸力面流动分离被抑制，分离涡消失。随着尾迹远离叶栅吸力面，其对边界层的影响逐渐减弱，叶栅表面又开始出现流动分离。

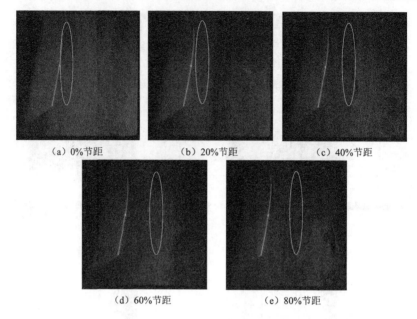

(a) 0%节距   (b) 20%节距   (c) 40%节距

(d) 60%节距   (e) 80%节距

图 4-28　尾迹处在不同节距位置时叶栅通道内的流动状况（PIV 拍摄）

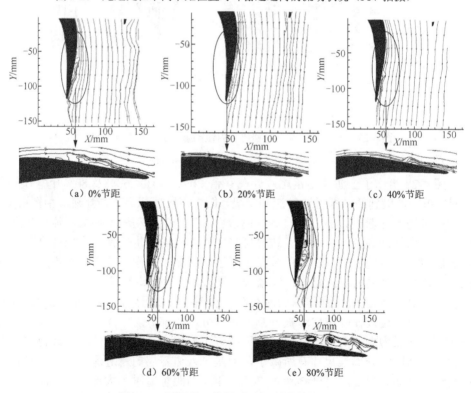

(a) 0%节距   (b) 20%节距   (c) 40%节距

(d) 60%节距   (e) 80%节距

图 4-29　不同节距位置时叶栅通道内的流线图

4.3.2　考虑尾迹影响的 PakB 叶栅流动分离的数值研究

1. 研究对象和数值方法

图 4-30 所示为考虑尾迹影响时 PakB 叶栅的结构示意图，用周期运动的圆柱产生的尾迹模拟叶栅上游的非定常尾迹，圆柱的几何参数见表 4-13。

表 4-13　圆柱的几何尺寸

几何参数	符号	数值
圆柱直径/mm	d_{bar}	3.3
圆柱间距/mm	L_{bar}	132.81
圆柱间距/叶栅节距	L_{bar}/L	1
圆柱到叶栅前缘的轴向距离/C_{ax}	S_{bar}	0.7
折合频率	f_r	0.807
流量系数	Φ	0.8

表 4-13 中，折合频率的定义为流体流过叶栅型面的时间与尾迹通过周期之比，表达式为

$$f_r = u_{\text{bar}} C / \left(L_{\text{bar}} u_2 \right) \tag{4-13}$$

式中，u_{bar} 为圆柱运动速度；u_2 为叶栅出口气流速度；C 为叶片弦长。

流量系数定义为

$$\Phi = u_{1\text{ax}} / u_{\text{bar}} \tag{4-14}$$

式中，$u_{1\text{ax}}$ 为叶栅进口气流轴向速度。

图 4-31 为计算域示意图。取计算域进口距离圆柱 $0.5\,C_{\text{ax}}$，出口距离叶栅缘 $1.0\,C_{\text{ax}}$，展向高度和射流孔间距均为 20mm。在计算域进口和射流进口设置速度入口边界条件，出口设置平均静压边界条件，周向和展向设置周期性边界条件，壁面（叶片压力面、吸力面、圆柱壁面以及射流孔内壁面）设置无滑移边界条件。

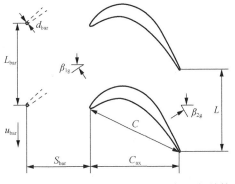

图 4-30　考虑尾迹影响的 PakB 叶栅几何结构示意图

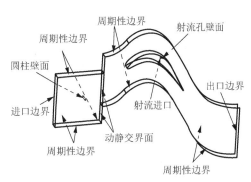

图 4-31　三维计算域示意图

采用 SST 湍流模型和 γ - Re_θ 转捩模型,通过求解雷诺时均方程得到稳态结果,并将稳态结果作为大涡模拟的初值进行计算。非稳态计算流动周期为 $T = L_{\mathrm{bar}}/u_{\mathrm{bar}} = 0.0216\mathrm{s}$,时间步长为 $4.32\times10^{-5}\mathrm{s}$。

2. 数值结果分析

图 4-32 和图 4-33 分别给出了不考虑尾迹影响及考虑尾迹影响时,低压透平 PakB 叶栅表面时均压力系数和吸力面时均壁面摩擦系数的对比。由图可见,不考虑尾迹影响时,在吸力面大约 $75\%C_{\mathrm{ax}}$ 处出现明显的压力系数平坦区,说明在吸力面后部存在分离泡且分离泡尺寸较大。而考虑上游尾迹作用时,压力系数平坦区明显缩短,其后的转折点位置前移,说明在尾迹作用下,叶栅吸力面流动的转捩位置提前,流动分离被抑制。从图 4-34 可以看出,在尾迹的影响下,叶栅吸力面分离泡大幅缩小。表 4-14 给出了不考虑尾迹影响及考虑尾迹影响时,PakB 叶栅流动分离点、再附点位置以及分离泡尺寸的变化。

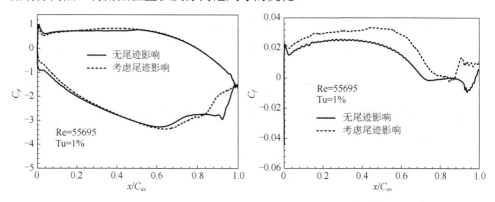

图 4-32　叶栅表面时均压力系数分布　　　图 4-33　叶栅吸力面时均壁面摩擦系数分布

表 4-14　不考虑/考虑尾迹影响时分离点、再附点位置及分离泡尺寸的变化

工况	x_s/C_{ax}	x_r/C_{ax}	$(x_r - x_s)/C_{\mathrm{ax}}$
无尾迹影响	71.37%	97.93%	26.56%
考虑尾迹影响	84.20%	87.67%	3.47%

图 4-34 所示为考虑尾迹影响后,不同时刻叶栅通道内流动的 $\lambda_2 = -110000$ 等值面图。从图中可以看出,叶栅前缘处的尾迹被切割成两部分,一部分沿着吸力面运动,一部分沿着压力面运动,两部分尾迹具有不同的运动特性。吸力面侧的尾迹从滞止点开始受到挤压,很快破碎成随机的小尺度涡结构,而压力面侧的尾迹则被剧烈地拉伸变细,湍流度逐渐减小。由于两侧尾迹的运动速度不同,因此两者之间出现了一个弓形结构。在扭曲尾迹的顶部区域,随着随机小尺度涡结构的增长,流动的湍流度提高。由于通道方向剧烈变化,压力面侧尾迹在下游远离

压力面，而吸力面侧尾迹则在前缘处弯曲，并沿着吸力面向下游迁移，这些高度挤压的尾迹流体和随之产生的涡结构周期性地与吸力面边界层相互作用，提高了吸力面边界层的湍流度。

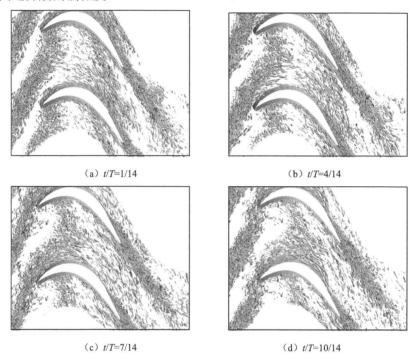

（a）t/T=1/14 　　　　　　　　　　（b）t/T=4/14

（c）t/T=7/14 　　　　　　　　　　（d）t/T=10/14

图 4-34　考虑尾迹影响后不同时刻叶栅通道内流动的 $\lambda_2 = -110000$ 等值面

4.3.3　考虑尾迹影响的 PakB 叶栅流动分离的合成射流控制研究

采用合成射流对考虑尾迹影响的 PakB 叶栅流动分离进行控制时，需要在叶栅上添加合成射流孔模型，如图 4-30 所示，圆柱参数保持不变。

图 4-35 为不考虑及考虑尾迹影响时，合成射流控制前、后 PakB 叶栅表面时均压力系数对比。图 4-36 为叶栅吸力面时均壁面摩擦系数对比。可以看出，采用合成射流进行流动控制后，叶栅吸力面压力系数曲线的平坦区进一步缩短，分离泡尺寸减小。既考虑尾迹影响，又引入合成射流进行流动控制时，压力系数曲线更加饱满，叶栅的做功能力更强。从壁面摩擦系数曲线也可以得出相同结论：考虑上游尾迹影响后，引入合成射流进行流动控制，更大幅度地缩短了分离区长度，控制效果也更好。表 4-15 给出了不考虑及考虑尾迹影响时，合成射流控制 PakB 叶栅流动分离的分离点、再附点位置及分离泡尺寸变化。

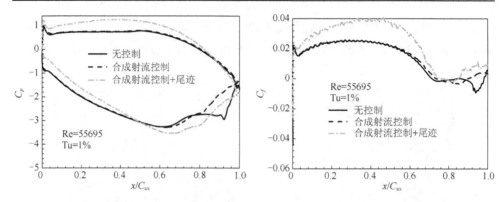

图 4-35　叶栅表面时均压力系数分布　　图 4-36　叶栅吸力面时均壁面摩擦系数分布

表 4-15　各工况流动分离点、再附点位置及分离泡尺寸变化

工况	x_s/C_{ax}	x_r/C_{ax}	$(x_r-x_s)/C_{ax}$
无尾迹+无控制	71.37%	97.93%	26.56%
无尾迹+合成射流	73.59%	89.86%	16.27%
尾迹+合成射流	75.10%	84.82%	9.72%

图 4-37 所示为考虑尾迹影响时，合成射流控制前、后不同时刻叶栅通道内流动的 $\lambda_2 = -860000$ 等值面。由图可见，在上游尾迹的影响下，吸力面上部存在大量不规则的湍流斑，这是无尾迹模型所没有的，说明上游尾迹提高了吸力面边界层的湍流水平。

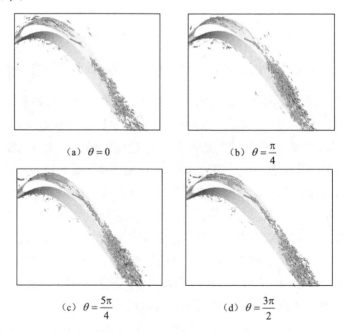

（a）$\theta = 0$　　　　　　（b）$\theta = \dfrac{\pi}{4}$

（c）$\theta = \dfrac{5\pi}{4}$　　　　（d）$\theta = \dfrac{3\pi}{2}$

图 4-37　考虑尾迹影响时合成射流控制前、后不同时刻叶栅通道内流动的 $\lambda_2 = -860000$ 等值面

从图 4-37 中还可以观察到，当相位角为 0 时，刚开始产生射流，射流速度很小，上游尾迹还未到达射流孔区域，当射流与主流相遇时，很快就在主流高能流体的作用下被卷入边界层，没有形成充分发展的涡结构；当相位角为 π/4 时，上游圆柱产生的小尺度涡旋到达射流孔，与射流孔附近的涡结构相互作用，对射流产生一定的扰动。随着射流速度的增大，射流孔下游的涡结构不断发展壮大，形成关于射流孔中截面大致对称的涡旋，但是始终没有形成规则的双管结构纵向涡；当相位角为 5π/4 时，合成射流处于吸气阶段，但是由于上游尾迹的迁移，射流孔下游的涡结构并没有消失，而是继续发展、破碎成小涡结构；当相位角为 3π/2 时，合成射流吸气速度达到最大值，射流孔上游形成了关于射流孔中截面对称的涡旋，下游则形成 Λ 状涡旋。随着时间的推进，射流形成的有序涡旋与下游不稳定涡旋相互作用，慢慢变为无序涡旋，最终形成湍流。

4.4 结 论

本章对合成射流控制 PakB 叶栅流动分离进行了深入研究，探讨了其控制流动分离的机理，分析了脉动动量吹气系数、无量纲激励器频率、雷诺数及气流攻角等因素对控制效果的影响，促进了该技术在低压透平叶栅分离流动控制领域的实际应用。主要得到以下结论：

（1）使用合成射流控制 PakB 叶栅流动分离，控制后分离泡尺寸大幅度减小，叶栅通道总压损失系数减小；控制后叶栅吸力面尾缘区域逆压梯度明显减小，分离泡尺寸及低值总压分布区域也大幅减小。

（2）相同工况下，随着脉动动量吹气系数的增大，分离泡尺寸减小，总压损失系数减小，控制效果增强，并且最优无量纲频率使合成射流达到最佳控制效果。

（3）随着雷诺数的减小和气流负攻角的增大，流动分离位置提前，再附位置后移，分离点和再附点之间的分离区域不断增大，直至形成"开式"分离。合成射流在不同雷诺数和气流攻角下都具有良好的控制效果，可使分离位置推迟，再附位置前移，分离泡尺寸缩短，并使"开式"分离转为"闭式"分离泡。

（4）在上游尾迹的作用下，吸力面上游存在大量不规则的湍流斑，提高了吸力面边界层的湍流度，从而使流动的转捩位置提前，流动分离得到抑制。此外，考虑尾迹影响后，采用合成射流对流动分离进行控制时，分离区长度显著缩短，控制效果更好，此时压力分布曲线更加饱满，叶栅的做功能力更强。

5 球窝结构的流动控制研究

在低压透平叶片吸力面布置球窝对分离流动进行控制,具有工况适应范围大、容易加工、可靠性好等优点,应用潜力很大。本章首先在平板上布置了单孔或单排球窝,研究了顺压梯度条件下球窝前沿边界层相对厚度对流动的影响;其次,引入逆压梯度模拟低压涡轮叶片吸力面压力分布状态,研究了球窝前沿边界层相对厚度对平板分离流动的控制机理和效果,探讨了分离、转捩和再附流动的特性及其与球窝诱发的流动结构之间的相互影响。最后,在低压透平叶片吸力面布置了球窝结构,研究了多种工况下球窝结构的流动控制效果。

5.1 布置单个/单排球窝的平板流动实验与数值研究

将球窝控制技术应用于低压透平叶片吸力面分离流动控制,可以降低叶片损失系数[66,67],且工况适应性较好。影响球窝流动特性的几何参数较多,包括球窝深度(δ)、形状、位置、相对深度(δ/D,D 为球窝直径)以及球窝前缘边界层厚度(h)等,通常这些参数对流动形成耦合作用。应用球窝结构对低压高负荷透平叶片的边界层分离进行控制,必须首先确定球窝在低压透平叶片表面的位置。本书提出了利用球窝前沿边界层相对厚度(边界层厚度与球窝深度的比值 $R=h/\delta$)来确定球窝流向位置的方法,并对边界层相对厚度的影响进行了系统研究。此外,低压透平叶片吸力面的大部分区域为层流流动,当边界层发生分离时,叶片吸力面流动结构十分复杂,包含了分离、转捩和再附等流动现象,因此必须对这些流动现象的特性及其与球窝诱发的流动结构之间的相互影响进行系统研究。

5.1.1 布置单个球窝的平板流动实验和数值研究

1. 实验台设计及系统

布置单个球窝的平板流动实验在图 5-1 所示的 FY-800 低速风洞中进行,风洞实验段进口处的湍流度约为 0.5%。采用一前缘为椭圆的铝材平板作为实验平板。为了方便测量球窝附近的流动参数,球窝直径取得较大($D = 44\text{mm}$),实验平板尺寸分别为 $W = 6D$,$L = 20D$,平板总体和球窝剖面示意图如图 5-2(a)和(b)所示。实验将针对 3 个不同的球窝前沿边界层厚度 R(R=0.5,1.0,1.5)进行研究。

获得 3 个 R 值的方法是:首先采用理论公式确定达到所需边界层厚度的位置到平板前缘的距离 L_1,然后利用数值计算验证理论公式的结果并对结果进行微调,使 R 满足实验设计要求。本书取 $U_h = 0.99U_\infty$ 位置为球窝前沿边界层外边界,对应

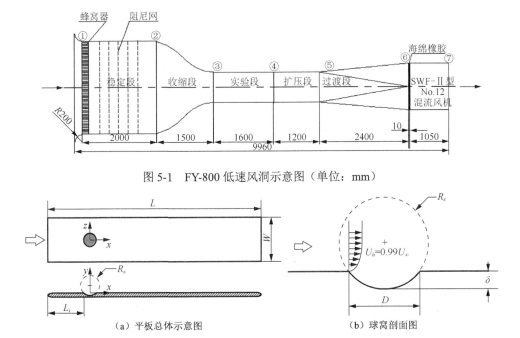

图 5-1 FY-800 低速风洞示意图（单位：mm）

（a）平板总体示意图　（b）球窝剖面图

图 5-2 布置单个球窝的实验平板示意图

的厚度为球窝前沿边界层厚度 h。

采用 TSI 公司的 IFA300 热线风速仪测量球窝内部及附近的速度型线。图 5-3（a）所示为过球窝中心线的流向对称平面（$z=0$ 平面）内 4 条速度型线的测量位置，沿流动方向的编号为 P_1、P_2、P_3 和 P_4，分别位于球窝前沿、中心、后沿和球窝后 $1.0D$ 处。在近壁面 $0.3\text{mm} \leqslant y \leqslant 5\text{mm}$ 范围内布置了 25 个测点，在 $5\text{mm} \leqslant y \leqslant 35\text{mm}$ 范围内布置了 30 个测点，如图 5-3（b）所示。

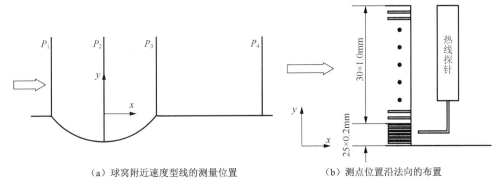

（a）球窝附近速度型线的测量位置　（b）测点位置沿法向的布置

图 5-3 测点位置图

当球窝相对深度 δ/D 较大时，球窝对主流的扰动较大，流动损失也随之增大，而对于高雷诺数工况，深球窝产生的损失更为显著。Lake 等[66,67]和 Casey 等[165]均采用了相对深度为 0.09 的浅球窝，因此本书也选取类似的浅球窝（$\delta/D = 0.1$）。表 5-1 给出了各研究工况的参数，其中，$R=1.5$ 工况对应的球窝前沿边界层厚度 $h = 1.5\delta = 6.6\text{mm}$，实现此边界层厚度的实验段长度已超出实验范围，因此对 $R = 1.5$ 工况仅进行了数值计算。

表 5-1　平板上布置单个球窝的实验和数值计算工况

工况	$U_\infty / (\text{m} \cdot \text{s}^{-1})$	R	Re_D
工况 1	5.0	0.5	14667
工况 2	10.0	0.5	29333
工况 3	5.0	1.0	14667
工况 4	10.0	1.0	29333
工况 5	5.0	1.5	14667
工况 6	10.0	1.5	29333

2. 数值方法

数值模拟采用雷诺时均方法结合 SST+γ-Re$_\theta$ 转捩模型，对流项采用二阶迎风格式，扩散项采用中心差分格式。计算域采用六面体网格划分，球窝内部采用 O 型网格，壁面法向进行加密，经网格无关性验证，选择计算网格为 325 万个节点。

3. 实验与数值结果分析

图 5-4～图 5-7 给出了不同工况、不同测点处，热线测量和数值计算得到的速度型线对比。由图可见，实验与数值结果吻合良好。

需要指出的是，由于单丝热线探针无法判断回流[166]，因此在 P_2 处，测量所得的球窝内部分离区（回流区）速度型线沿 y 向出现较小的正向速度，该速度型线不能反映真实流动，但可用于判断分离区的大小。从图中可以看出，各工况球窝内部均发生了流动分离，并且 P_2 处分离区 y 向长度的数值结果与实验结果吻合良好。

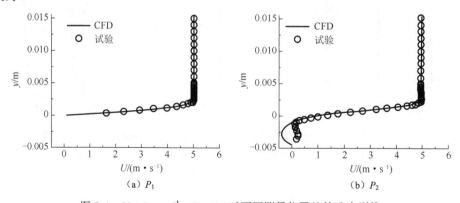

（a）P_1　　　　　　　　　　　（b）P_2

图 5-4　$U = 5\text{m} \cdot \text{s}^{-1}$、$R = 0.5$ 时不同测量位置处的速度型线

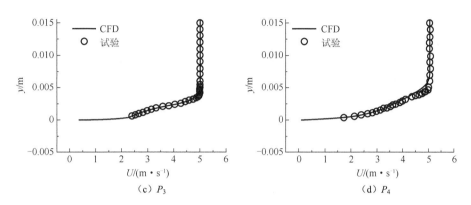

图 5-4　$U = 5\mathrm{m} \cdot \mathrm{s}^{-1}$、$R = 0.5$ 时不同测量位置处的速度型线（续）

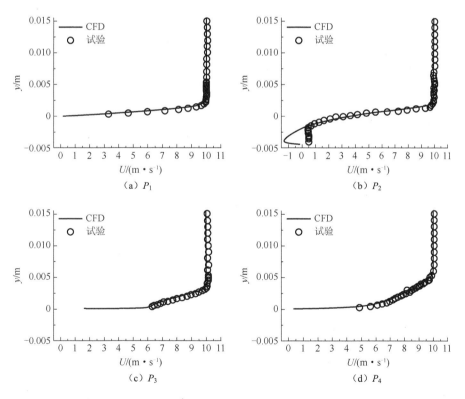

图 5-5　$U = 10\mathrm{m} \cdot \mathrm{s}^{-1}$、$R = 0.5$ 时不同测量位置处的速度型线

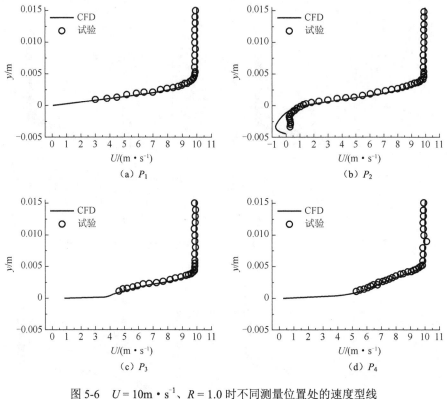

图 5-6　$U = 10\text{m} \cdot \text{s}^{-1}$、$R = 1.0$ 时不同测量位置处的速度型线

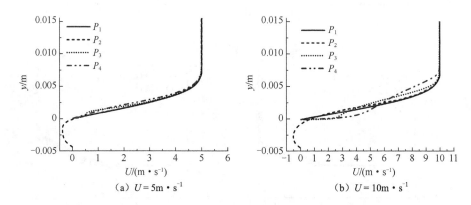

图 5-7　$R = 1.5$ 时不同测量位置处的速度型线数值结果

　　图 5-8 对比了不同工况下球窝中心（P_2）的速度型线。由图可见，随着球窝前沿边界层相对厚度的增大，球窝内部分离泡的 y 向尺寸逐渐增大。而在相同的球窝前沿边界层相对厚度下，雷诺数越大，分离泡 y 向尺寸则越小。

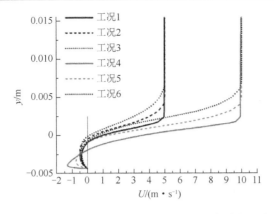

图 5-8 不同工况球窝中心（P_2）处的速度型线对比

图 5-9 所示为各工况的壁面极限流线和静压云图。由图可见，各工况流动均在球窝前沿分离，在球窝后部再附，并形成关于流向对称面（$z = 0$ 平面）对称的反向涡对，该涡对又称为马蹄涡系（horseshoe vortex）[167]或初次涡对（primary vortex pair）[168]。在球窝壁面形成的关于 $z = 0$ 平面对称的焦点即为反向涡对的根部（legs of the horseshoe vortex）。

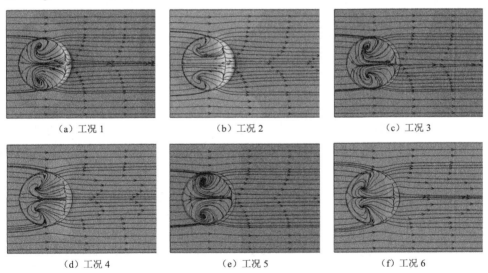

（a）工况 1 　　　　　（b）工况 2 　　　　　（c）工况 3

（d）工况 4 　　　　　（e）工况 5 　　　　　（f）工况 6

图 5-9 不同工况的壁面极限流线和静压分布图

由图 5-9 还可以看出，雷诺数和球窝前沿边界层相对厚度的变化虽然对流动分离的起始位置影响不大，但对分离剪切层的再附位置却有一定影响。当雷诺数不变时，随着球窝前沿边界层相对厚度的增大，分离剪切层的再附位置向下游移动；而当球窝前沿边界层相对厚度不变时，随着雷诺数的增大，分离剪切层的再附位置则向上游移动。此外，当 $U = 5\text{m} \cdot \text{s}^{-1}$ 时，球窝前沿边界层相对厚度的改变几乎不影响球窝壁面上的焦点位置；而当 $U=10\text{m}\cdot\text{s}^{-1}$ 时，随着球窝前沿边界层相对厚度的增大，焦点的流向位置不变，但却逐渐向 $z=0$ 对称面靠拢。

此外，分离剪切层在球窝后部再附导致的壁面冲击使该区域附近出现局部高静压区。在相同的雷诺数下，随着球窝前沿边界层相对厚度的增大，局部高静压值减小；而在球窝前沿边界层相对厚度不变时，随着雷诺数的增大，局部高静压值增大。

Khalatov 等[169]和 Zhao 等[170]在水洞中应用染色液流动显示技术对平板上球窝附近的流动进行了可视化研究，球窝内部流动可视化结果见图 5-10。由图可见，球窝内部及附近流动结构的主要特点为：流动在球窝内部形成分离泡，并形成关于流向对称面对称的大尺度反向涡对。本研究的数值结果与这一结论吻合良好。

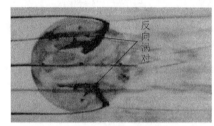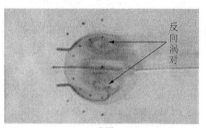

　　　（a）Khalatov 等[169]的研究结果　　　　　　（b）Zhao 等[170]的研究结果

图 5-10　球窝内部及附近的涡旋结构

根据上述结论可得球窝附近流向对称面上的流动结构概念图，如图 5-11 所示。其中，s 为球窝前沿点，s' 为球窝前部分离点，s 与 s' 的距离很近，可视为相同的点，并不影响分析。虚线 aa' 为平板边界层与主流的分界线，r' 为球窝后部再附点，r 为再附点上游球窝底部一点，g 为球窝后沿点。虚线 sr、sg、aa' 将球窝内部及附近流动分为三个区域。区域 1 为球窝底部回流区，该区域与外部的质量和能量交换较弱；区域 2 为近似射流混合区，同主流的质量和能量交换较强。区域 2 也可视做轴线为 s-r' 且与球窝壁面成 α 角的倾斜冲击射流（r' 为冲击射流滞止点，即再附点），流体冲击球窝壁面以后分为两部分，一部分向上游流动，在球窝壁面曲率的作用下，在球窝内部形成反向涡对；另一部分向下游喷射而出。结合图 5-8 和图 5-11 可以很好地解释局部静压的变化规律：当雷诺数相同时，前沿边界层相对厚度越小，区域 2 的流速越大；而当球窝前沿边界层相对厚度相同时，雷诺数越大，区域 2 的流速越大。而冲击射流的速度越大，对应的滞止点（再附点）压力越大。

采用球窝进行边界层分离流动控制时，需要尽量提高区域 2 与主流交换质量和能量的能力，此外，增大区域 2 的流速会使冲击射流更为强烈。根据前面的分析，在确定雷诺数下，球窝前沿边界层相对厚度越小，区域 2 的流速越大，更有利于分离流动的控制。但球窝前沿边界层相对厚度也不能太小，因为这将导致滞止点压力过高，产生较大的压差损失。

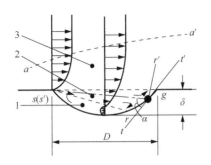

图 5-11 流向对称面（$z = 0$ 平面）球窝流动结构概念图

5.1.2 采用球窝控制逆压梯度平板边界层分离流动的大涡模拟

本节采用具有逆压梯度的平板模拟低压透平叶栅吸力面，对布置单排球窝的平板表面的流体流动特性进行了大涡模拟，研究了球窝前沿边界层相对厚度分别为 0.378、0.994 和 1.453 时，球窝控制边界层分离的效果。

1. 物理模型及边界条件

Syred 等[171]的研究表明，压力梯度是影响球窝流动特性的重要参数，而球窝的位置、前沿边界层厚度、深度及深径比等对流动特性也具有显著影响。将球窝布置在真实的低压透平叶片上时，这些因素通常为耦合作用，很难区分各个参数对球窝流动特性的影响。因此，本节选取布置单排球窝且具有逆压梯度的平板作为研究对象，以获得球窝几何参数对流动控制效果的具体影响。

图 5-12 为布置球窝的平板流动特性计算域，包括底部平板及平板上方的渐扩顶面[137, 172]，以产生与低压透平吸力面相似的逆压梯度。通过多次分析和调整确定了顶面型线，可在底部平板上产生足够的逆压梯度并使平板边界层发生分离。随后对未布置球窝时的平板表面流动状况进行数值模拟，确定平板边界层的分离位置，并将球窝布置在分离点前沿附近。最终得到了布置单球窝的逆压梯度平板模型，具体几何尺寸见图 5-12，其中 $H_0 = 38.3\text{mm}$、$H_1 = 61.84\text{mm}$、$W = 45\text{mm}$、$L_1 = 215.27\text{mm}$、$L_2 = 78.97\text{mm}$。规定 x 为流动方向，y 为平板法向，z 为展向，原点位于球窝中心。

图 5-13 为球窝纵剖面图，其中 D 为球窝直径、δ 为球窝深度、深径比 $\delta/D = 0.09$，h 为球窝前沿边界层厚度，取边界层外边界处 $U_h = 0.99U_\infty$。为了减小其他因素对球窝流动特性的影响，研究中保持计算域流向长度不变，通过变化 x_0 和 x_1 以调整球窝前沿边界层厚度。在平板 x_0 段应用滑移壁面条件，其他部分应用无滑移壁面条件，顶面采用滑移壁面边界条件，展向为周期性边界条件。

本节对 4 种不同工况进行了数值研究，各工况详细参数如表 5-2 所示，其中工况 1 为平板表面未布置球窝的工况。表中雷诺数定义为 $\text{Re}_D = U_{\text{in}}D/\nu$，$U_{\text{in}}$ 为进口速度，ν 为流体运动黏度。

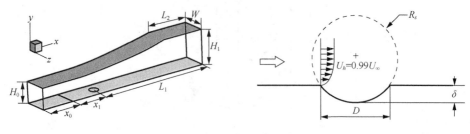

图 5-12　数值计算区域　　　　　　图 5-13　球窝纵剖面示意图

表 5-2　计算工况参数

工况	h/mm	h/δ	Re_D
工况 1	—	—	—
工况 2	0.599	0.378	11904
工况 3	1.581	0.994	11904
工况 4	2.310	1.453	11904

2. 数值方法及亚格子模型

采用有限容积方法对控制方程组进行离散，对流项、扩散项均采用中心差分格式，时间项采用二阶向后差分格式，方程组求解使用 SIMPLEC 方法。同时，利用 Germano 方法[173]确定 Smagorinsky 亚格子应力模型的常数 C_s，即动力 Smagorinsky 亚格子应力模型，克服了 Smagorinsky 亚格子应力模型在剪切流模拟中的局限性。

3. 数值方法验证

为了验证本节使用的数值方法，对文献[66]，[67]中的低压高负荷透平 PakB 叶栅通道内的流动进行了数值模拟，雷诺数 Re = 86000，来流湍流度为 1%。展向和流向网格均匀布置，壁面法向第一层网格的 $y^+ \approx 0.5 \sim 1$，其中分离区附近 $y^+ = 0.5$，取时间步长 $\Delta t = 4 \times 10^{-5}$ s。图 5-14（a）为大涡模拟所得的 PakB 叶栅表面时均压力系数分布。图中平坦区域表示边界层流动发生分离，压力系数突降区域表示分离流动转捩并再附。从图中可以看出，采用本节数值方法获得的边界层分离、转捩和再附位置均与实验结果吻合良好。

为了进一步验证数值方法，又对文献[165]中布置球窝的 PakB 叶栅通道内流动进行了大涡模拟，球窝布置在叶片吸力面 65%轴向弦长位置，球窝间距为44.4mm，流动雷诺数 Re = 25000，来流湍流度为 1%。图 5-14（b）所示为不同轴向位置处叶片吸力面速度型线结果比较，图中箭头标示出了分离泡的法向高度，可见数值结果与实验结果吻合良好。

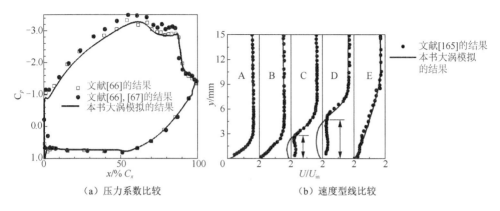

（a）压力系数比较　　　　　　　（b）速度型线比较

图 5-14　数值方法验证

4. 数值结果与分析

1）大涡模拟时均结果

图 5-15（a）所示为无控制时 $z=0$ 截面的时均流向速度云图，图中未着色区域流向速度为负值，表示流动发生分离。图 5-15（b）为分离区域局部放大图，其中 PSL、PRL、SSL 和 SRL 分别对应初始分离、一次再附、二次分离和二次再附位置。

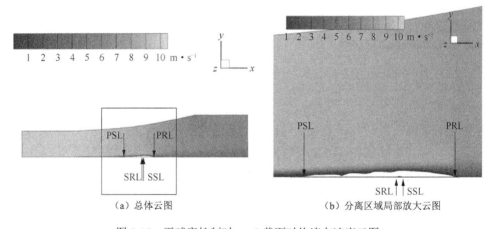

（a）总体云图　　　　　　　　　（b）分离区域局部放大云图

图 5-15　无球窝控制时 $z=0$ 截面时均流向速度云图

球窝控制流动分离的原理是通过球窝对边界层的作用，增强边界层与主流区域的能量交换，使边界层内部能量增大，从而抑制边界层分离或减小分离区域。本节首先研究 3 种不同的球窝前沿边界层相对厚度 δ/h（$\delta/h=0.378, 0.994, 1.453$）对球窝流动特性及流动控制能力的影响。

图 5-16 给出了球窝内分离流动图谱（图中 PSL、PRL 分别为初始分离线和一

次再附线）和 $z=0$ 平面的流线及流向速度云图。从图中可以看出，当 $\delta/h = 0.378$ 时，球窝内形成了由初始分离线、一次再附线、二次分离线和二次再附线组成的完整分离流动结构。边界层在球窝前沿发生初始分离，由于球窝前沿边界层厚度比球窝深度小得多，分离剪切层卷吸了较多的高能流体，因此在球窝后部很快出现了一次再附。一次再附的剪切层在球窝底部又发生了二次分离，图中 SS 区域为二次分离区，对照 $z=0$ 平面的流线图可以清楚地识别球窝内初始分离和二次分离位置。其中，初始分离区明显大于二次分离区，其涡核位于球窝后半部分；二次分离仅在球窝底部一小块区域发生，其涡核位于球窝前半部分的底部。

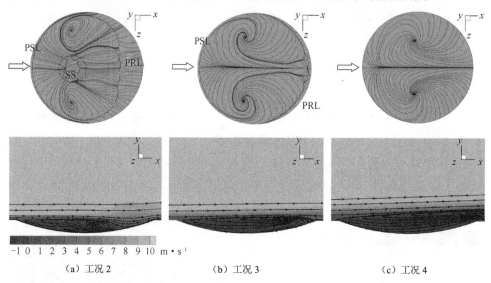

$-1\ 0\ 1\ 2\ 3\ 4\ 5\ 6\ 7\ 8\ 9\ 10\ \text{m·s}^{-1}$

　　　　(a) 工况2　　　　　　　　　(b) 工况3　　　　　　　　　(c) 工况4

图 5-16　球窝壁面极限流线（上）及 $z=0$ 平面的流线图和流向速度云图（下）

　　当 $\delta/h = 0.994$ 时，边界层同样在球窝前沿发生初始分离，由于球窝前沿边界层厚度与球窝深度相当，球窝内部流体卷吸了部分高能流体，分离剪切流层在球窝后沿处发生一次再附，但再附位置较 $\delta/h = 0.378$ 工况靠后，并且球窝内部没有形成二次分离。图 5-17 为 $\delta/h = 0.994$ 时球窝后沿处的局部放大图。此处流场结构比较复杂，形成了关于 $z=0$ 平面对称的两个鞍点 S_1、S_2 和位于 $z=0$ 平面的一个节点 F_1。

　　当 $\delta/h = 1.453$ 时，球窝内部没有出现分离线和再附线，流动呈开式分离，对照 $z=0$ 截面流线图可以发现，边界层在到达球窝以前就已经发生分离，由于球窝前沿边界层厚度比球窝深度大很多，分离的边界层能量较低，因此没能在球窝附近再附，并且球窝后沿处剪切层的能量很低。

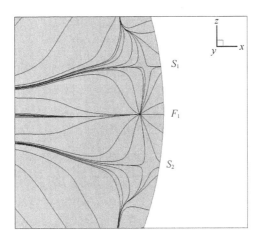

图 5-17 工况 3 球窝后沿极限流线图的局部放大

图 5-18 为球窝内部及附近区域的三维流线图。由图可见，3 种工况的球窝内部均形成了马蹄涡系结构[167,168]，马蹄涡系源自关于 $z = 0$ 平面对称的两个焦点处，涡头位于焦点下游。随着 δ/h 增大，马蹄涡流向尺寸增大，且涡头由球窝中心逐渐移动至球窝下游。从图中还可以观察到，来流同时由两侧被卷吸到球窝内部，然后绕着两侧焦点盘旋而上（形成马蹄涡涡腿），并向 $z = 0$ 平面靠近，最后在 $z = 0$ 平面附近喷出（即马蹄涡头部），可见马蹄涡结构对球窝内部的流动状态起主导作用。由于马蹄涡头部所处的位置不同，因此 3 种工况下流体喷出后的流动特性有所不同，当 $\delta/h = 0.378$ 时，喷射出的流体到达球窝后部然后离开球窝；当 $\delta/h = 0.994$ 时，喷射出的流体到达球窝后沿，然后随主流向下游运动；而当 $\delta/h = 1.453$ 时，喷射出的流体则直接离开球窝。

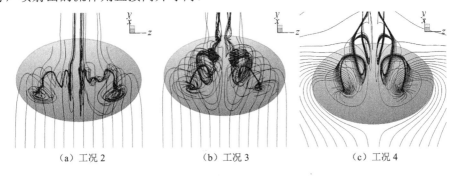

（a）工况 2　　　　　（b）工况 3　　　　　（c）工况 4

图 5-18 球窝内部及附近区域的三维流线

当存在逆压梯度时，3 种工况的球窝内部均出现了大尺度马蹄涡结构，这与顺压条件下球窝内部流动结构相似。不过当 $\delta/h = 0.378$ 时，球窝底部出现了二次分离，而当 $\delta/h = 1.453$ 时，球窝内部流动则呈开式分离。两种工况均与图 5-11 所示的流动结构不同，因此图 5-11 需要稍做修正才能应用于 $\delta/h = 0.378$ 工况，而对 $\delta/h = 1.453$ 工况则不再适用。

　　图 5-19 为逆压梯度平板壁面时均流向切应力分布云图。图中未着色区域流向切应力为负值，说明流动发生分离。4 条竖线从左向右分别对应 $x/D = 0$、0.5、1.0 和 1.5 截面，即球窝中心、球窝后沿、球窝后 $0.5D$ 以及球窝后 $1.0D$ 截面。采用球窝进行流动控制前，边界层发生大面积分离，并出现二次分离。采用球窝进行流动控制后，当 $\delta/h = 0.378$ 时，由于球窝的作用，壁面分离区面积约减小为无控制工况的 1/3，分离区流向长度约为无控制工况的 1/2，并且球窝后尾迹区 W_1 未发生分离；当 $\delta/h = 0.994$ 时，壁面分离区域也大幅减小，约为无控制工况的 2/3，但分离区流向长度基本不变，球窝后尾迹区 W_2 也未发生分离；而当 $\delta/h = 1.453$ 时，分离区面积几乎与控制前相当，且分离区向上游移动，与前两个工况显著不同的是，球窝内流动分离为开式分离，球窝分离区和壁面分离区连接为一体，球窝尾迹区分离由球窝后沿一直延伸到球窝后约 $0.75D$ 处。通过上述分析可以发现，球窝对控制流动分离最有效的区域是宽度为球窝直径 D 的球窝后尾迹区。

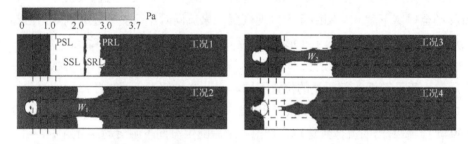

图 5-19　逆压梯度平板壁面时均流向切应力分布

　　通常，采用总压损失系数 ω 来衡量分离流动的损失大小，其定义为

$$\omega = \frac{p_{t1} - p_{t2}}{2\rho u_2^2} \tag{5-1}$$

式中，p_{t1}、p_{t2}、ρ 和 u_2 分别为进口总压、出口总压、出口密度和出口速度。各工况总压损失系数如表 5-3 所示。

表 5-3　各工况总压损失系数

工况	ω	偏差/%
工况 1	0.0350（参考值）	—
工况 2	0.0304	13.2
工况 3	0.0320	8.70
工况 4	0.0345	1.40

由表 5-3 可见，工况 2 的总压损失系数与基准工况相比降低了 13.2%，工况 3 降低了 8.70%，工况 4 则与基准工况相近。

2）大涡模拟瞬态结果

图 5-20 为壁面附近某瞬时涡系结构的 λ_2 等值面图。从图中可以看出，当 $\delta/h = 0.378$ 时，球窝内部涡系较为复杂，连接两个焦点并贯穿球窝的马蹄涡清晰可见，球窝内部马蹄涡脱落后，在球窝尾迹区形成两排发卡涡，尾迹宽度与球窝直径 D 相当；当 $\delta/h = 0.994$ 时，马蹄涡脱落后在球窝尾迹区形成一排发卡涡，尾迹区发卡涡始于球窝后部；而当 $\delta/h = 1.453$ 时，在球窝尾迹区同样形成了一排发卡涡，发卡涡始于球窝后约 $0.5D$ 位置，这与前面分析的马蹄涡头部位置一致。尽管 3 种工况下球窝后发卡涡的状态和起始位置有所不同，但发卡涡均分布在球窝后宽度为 D 的球窝尾迹区，发卡涡的头部抬起且为展向涡，两腿紧贴壁面形成流向涡，流向涡卷吸主流高能流体增强了边界层能量，从而对流动分离起到控制作用，这与前面所得"球窝尾迹区控制能力最强"的结论是一致的。

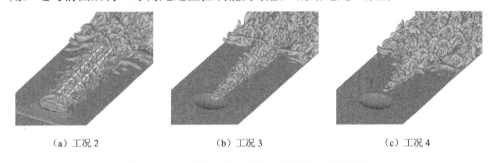

（a）工况 2　　　　　　（b）工况 3　　　　　　（c）工况 4

图 5-20　壁面附近某瞬时涡系结构的 λ_2 等值面图

图 5-21 所示为一个涡脱落周期内，$\delta/h = 0.378$ 工况（工况 2）球窝附近的瞬时涡结构演化，展示了球窝中马蹄涡 A 的形成、发展和脱落全过程。图中 $T = 1.241 \times 10^{-3}$s，与马蹄涡脱落频率 805.66Hz 对应。由图可见，当 $t = 0$ 时，在球窝中形成马蹄涡 A，随着时间的推进，A 逐渐向下游移动；$t = 0.5T$ 时刻，从球窝底部开始形成新的涡结构 A'；其后，A 继续向下游移动，而 A' 则逐渐生长；直至 $t = 1.0T$ 时，A 完全脱落，A' 则发展为新的连接球窝内两个焦点并贯穿球窝的马蹄涡。周期性脱落的马蹄涡在球窝尾迹区形成发卡涡排，对分离流动的控制具有重要作用。此外，图中涡结构 B 的发展过程显示了由球窝内脱落并到达球窝后沿的马蹄涡形成球窝尾迹区发卡涡的过程。

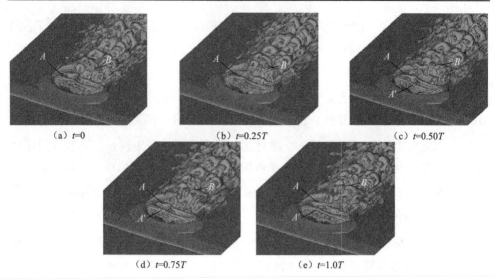

（a）$t=0$ （b）$t=0.25T$ （c）$t=0.50T$

（d）$t=0.75T$ （e）$t=1.0T$

图 5-21　一个涡脱落周期内球窝附近的瞬时涡结构（工况 2）

5.2　球窝控制 PakB 叶栅流动分离的数值研究

在低压透平叶片吸力面布置球窝对流动进行控制，具有工况适应范围大、容易加工、可靠性好等优点，因此球窝结构在低压透平分离流动控制中具有很大的应用潜力。本节将球窝布置于 PakB 叶栅吸力面，研究了雷诺数、球窝深径比和球窝轴向位置对流动控制效果的影响。

5.2.1　研究对象及数值方法

1. 研究对象

图 5-22 为吸力面布置球窝的 PakB 叶栅，其几何参数见表 5-4。流动计算域如图 5-23 所示，计算域进口到叶栅前缘的距离为 $1.0C_{\mathrm{ax}}$，出口与叶栅尾缘间距为 $1.0C_{\mathrm{ax}}$，计算域展向高度为 20mm。

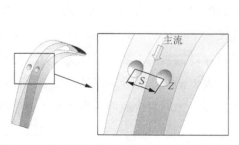

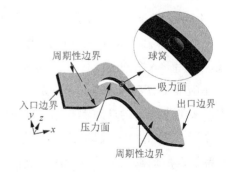

图 5-22　吸力面布置球窝的 PakB 叶栅几何外形　　图 5-23　吸力面布置球窝的叶栅计算域

表 5-4　吸力面布置球窝的 PakB 叶栅几何参数

几何参数	符号	数值
弦长/mm	C	165.52
轴向弦长/mm	C_{ax}	149.98
栅距弦长比	L/C_{ax}	0.80
叶栅入口角/（°）	β_{1g}	35
叶栅出口角/（°）	β_{2g}	60
安装角/（°）	γ	28
球窝直径/mm	D	10
球窝深度/mm	δ	选取
球窝间距/mm	S	20
球窝轴向位置/%C_{ax}	x	选取

在叶栅吸力面较易发生流动分离的区域（68%C_{ax}～85%C_{ax}）选取了 5 个不同的轴向位置布置球窝，每个轴向位置都研究了 3 种不同深径比（δ/D=0.1, 0.2, 0.25）对球窝控制流动分离效果的影响。表 5-5 给出了 5 个轴向位置的坐标和无量纲坐标。

表 5-5　球窝的不同轴向位置

球窝位置	球窝轴向坐标 x/mm	无量纲坐标/ %C_{ax}
位置 1	101.97	68
位置 2	107.98	72
位置 3	112.04	74.7
位置 4	116.97	78
位置 5	127.46	85

不同雷诺数下，PakB 叶栅流动分离区域以及分离泡尺寸变化较大。表 5-6 所示为 5 种工况的雷诺数（基于叶栅进口速度 U 和轴向弦长 C_{ax}）及进口速度。选取位于 1/2 展向高度并经过球窝中心的截面对流动进行观察。

表 5-6　不同工况雷诺数及气流进口速度

工况	进口速度 U/（m·s^{-1}）	雷诺数 Re
工况 1	1.2	11646
工况 2	3	29116
工况 3	6	58232
工况 4	8	76860
工况 5	10	97053

2.　网格划分及边界条件

叶片周围和球窝处采用 O 型网格，其他区域采用 H 型网格。叶栅壁面法向第一层网格高度约为 1×10^{-6}mm，$y^{+}\approx1.0$。各边界位置及边界条件如图 5-23 所示。出口给定平均静压；叶栅压力面、吸力面和球窝为壁面无滑移边界；计算域展向和周向为周期性边界条件。湍流模型采用 SST 湍流模型耦合 γ-Re$_{\theta}$ 转捩模型。

5.2.2 无球窝控制时 PakB 叶栅稳态流动特性

图 5-24 所示为无球窝控制时，两种典型雷诺数工况下叶栅吸力面壁面摩擦系数 C_f 分布，C_f 等于零且曲线斜率为负的点为分离点，C_f 等于零且曲线斜率为正的点则为再附点。由图可见，两种工况的壁面摩擦系数 C_f 均在约 $60\%C_{ax}$ 处开始急剧下降，直至 C_f 等于零，流动发生分离。其后，C_f 在较长一段距离内保持负值，说明该区域为回流区。对于雷诺数较小的工况 [图 5-24（a）]，在回流区下游，C_f 始终为负值，表明流动没能发生再附，为开式分离；而雷诺数较大的工况 [图 5-26（b）]，分离流动则在吸力面再附，不同雷诺数工况的再附点位置及分离区域尺寸略有不同。

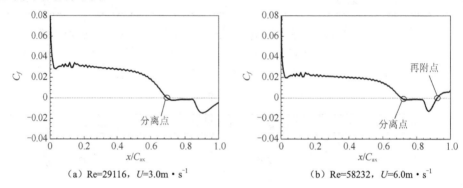

（a）Re=29116，U=3.0m·s^{-1}　　　（b）Re=58232，U=6.0m·s^{-1}

图 5-24　叶栅吸力面摩擦系数分布

表 5-7 给出了 5 种雷诺数工况下的无量纲分离点、再附点位置、分离区轴向长度，以及流动的总压损失系数。由表可见，5 种工况的分离位置变化不大，约在 $68.46\%C_{ax}$ 和 $71.37\%C_{ax}$ 之间，特别是流动发生再附的 3 种工况，分离位置的变化更小。而各工况的流动再附位置则区别较大，前三种工况下，随着雷诺数的减小，再附位置从 $87.46\%C_{ax}$ 逐渐后移至 $92.46\%C_{ax}$，分离区轴向长度由 $16.09\%C_{ax}$ 增加到 $21.09\%C_{ax}$，总压损失系数从 3.17% 增大至 4.30%。而当雷诺数减小到 29116 之后，流动呈现开式分离，分离流已不能在吸力面后缘再附，因此总压损失系数大幅增加。

表 5-7　不同雷诺数工况下的无量纲分离位置、再附位置及总压损失系数

雷诺数 Re	分离点/%C_{ax}	再附点/%C_{ax}	轴向分离长度/%C_{ax}	总压损失系数 ω/%
97053	71.37	87.46	16.09	3.17
76860	70.67	89.48	18.82	3.60
58232	71.37	92.46	21.09	4.30
29116	69.95	无再附	>30.05	7.41
11646	68.46	无再附	>31.54	13.47

5.2.3 采用球窝进行流动控制时 PakB 叶栅稳态流动特性

1. 球窝轴向位置和深径比对流动控制效果的影响

本节对 3 种球窝深径比 δ/D、5 种球窝轴向位置 x 及 5 种雷诺数 Re 的不同组合，共 75 种工况进行了研究。表 5-8～表 5-10 分别给出了球窝深径比为 $\delta/D = 0.1$、$\delta/D = 0.2$ 和 $\delta/D = 0.25$ 时各工况的相对总压损失系数。将相对总压损失系数定义为

$$\bar{\omega} = (\omega - \omega_0)/\omega_0 \tag{5-2}$$

式中，ω 为有球窝控制时各工况的总压损失系数；ω_0 为无球窝控制时的总压损失系数。

表 5-8 有球窝控制时不同雷诺数及球窝轴向位置工况的相对总压损失系数（$\delta/D = 0.1$）

$\bar{\omega}$ x Re	$68\%C_{\mathrm{ax}}$	$72\%C_{\mathrm{ax}}$	$74.7\%C_{\mathrm{ax}}$	$78\%C_{\mathrm{ax}}$	$85\%C_{\mathrm{ax}}$
11646	2.05	13.07	2.70	2.91	12.42
29116	−3.40	15.32	−2.13	−2.35	16.45
58232	−1.62	32.25	−3.87	−3.44	30.98
76860	−0.21	41.02	−2.78	−1.95	38.53
97053	0.40	47.32	−2.23	−0.91	45.91

表 5-9 有球窝控制时不同雷诺数及球窝轴向位置工况的相对总压损失系数（$\delta/D = 0.2$）

$\bar{\omega}$ x Re	$68\%C_{\mathrm{ax}}$	$72\%C_{\mathrm{ax}}$	$74.7\%C_{\mathrm{ax}}$	$78\%C_{\mathrm{ax}}$	$85\%C_{\mathrm{ax}}$
11646	1.55	13.18	2.70	13.42	3.29
29116	−3.17	15.48	−2.50	16.43	−1.36
58232	−2.13	32.12	−4.83	31.54	−1.83
76860	−6.54	40.02	−4.11	39.63	1.07
97053	−4.82	43.13	−4.40	45.75	5.20

表 5-10 有球窝控制时不同雷诺数及球窝轴向位置工况的相对总压损失系数（$\delta/D = 0.25$）

$\bar{\omega}$ x Re	$68\%C_{\mathrm{ax}}$	$72\%C_{\mathrm{ax}}$	$74.7\%C_{\mathrm{ax}}$	$78\%C_{\mathrm{ax}}$	$85\%C_{\mathrm{ax}}$
11646	2.42	13.26	2.74	2.75	3.32
29116	−3.44	16.06	−2.31	−4.23	−1.56
58232	−2.48	32.12	−4.17	−4.16	−2.07
76860	−3.06	35.67	−6.08	−2.66	1.01
97053	3.69	46.82	−3.97	−2.11	6.22

由表 5-8～表 5-10 可以发现，除了球窝位于 $72\%C_{\mathrm{ax}}$ 及个别工况外，采用球窝

对流动进行控制后，大部分工况的相对总压损失系数均有所降低，最大降幅为 6.08%，出现在球窝深径比 $\delta/D = 0.25$、$x = 74.7\%C_{ax}$ 及 $Re = 76860$ 工况。

当球窝位于 $72\%C_{ax}$ 位置时，控制效果最差，所有工况的相对总压损失系数都大幅增加，这是因为此时流动分离点恰好位于球窝之前，球窝前缘的分离加剧了上游来流的分离，导致控制效果变差。

此外，当球窝位于 $85\%C_{ax}$ 处且深径比 $\delta/D = 0.1$，以及球窝位于 $78\%C_{ax}$ 处且深径比 $\delta/D = 0.2$ 时，相对总压损失系数也大幅增加，与球窝位置在 $72\%C_{ax}$ 处的相对总压损失系数大小相当。这主要是因为叶栅表面为曲面，与逆压梯度平板相比，在曲面上布置球窝后，球窝内部的分离、再附流动与叶栅通道主流以及球窝周围流体的非线性作用更加强烈，特别是当分离泡核心区与球窝重合或与距离球窝较近时，球窝甚至起到增大分离泡尺寸的作用。

从表 5-8～表 5-10 还可以看出，当球窝深径比一定时，控制效果较差工况的球窝位置与雷诺数的变化无关。因此，如果在设计时选定了球窝深径比，则选取球窝位置时应避开上述不利位置。总的来说，在同一雷诺数下，球窝轴向位置对总压损失的影响最大，球窝深径比次之。

2. 同一雷诺数下球窝的控制效果分析

表 5-11 列出了 4 种雷诺数下，不同球窝深径比和球窝轴向位置工况的总压损失系数。从表中可以观察到，当 $Re = 11646$ 时，球窝对分离流动的控制效果最差，相对总压损失系数均大于零，即总压损失都大于无球窝工况，这说明当发生开式流动分离时，球窝不能有效地改善流动状况。当 $Re \geqslant 29116$ 后，除了分离点正好位于球窝前缘等控制效果最差的工况外，其余工况的总压损失均有所降低，只是球窝处在不同的轴向位置时，其对流动分离的控制效果稍有差别。

表 5-11　4 种雷诺数下，不同球窝深径比及球窝轴向位置工况的相对总压损失系数

雷诺数	球窝深径比	相对总压损失系数				
		$x = 68\%C_{ax}$	$x = 72\%C_{ax}$	$x = 74.7\%C_{ax}$	$x = 78\%C_{ax}$	$x = 85\%C_{ax}$
	$\delta/D = 0.1$	2.12	13.11	2.66	2.93	12.48
$Re = 11646$	$\delta/D = 0.2$	1.58	13.20	2.66	13.38	3.29
	$\delta/D = 0.25$	2.39	13.29	2.75	2.75	3.29
	$\delta/D = 0.1$	−3.38	15.00	−2.12	−2.30	15.00
$Re = 29116$	$\delta/D = 0.2$	−3.20	15.00	−2.48	15.00	−1.40
	$\delta/D = 0.25$	−3.47	15.00	−2.30	−4.19	−1.58
	$\delta/D = 0.1$	−1.68	15.12	−3.92	−3.42	15.12
$Re = 58232$	$\delta/D = 0.2$	−2.18	15.12	−4.92	15.12	−1.93
	$\delta/D = 0.25$	−2.55	15.12	−4.17	−4.17	−2.05
	$\delta/D = 0.1$	−0.16	15.17	−2.74	−1.85	15.24
$Re = 76860$	$\delta/D = 0.2$	−6.51	15.17	−3.99	15.20	1.17
	$\delta/D = 0.25$	−3.03	15.16	−5.98	−2.61	1.16

图 5-25 所示为球窝控制前、后,不同球窝轴向位置工况的 PakB 叶栅吸力面壁面摩擦系数分布。由图可见,曲线在球窝所处位置发生突跳,这与球窝前后缘的流动分离和再附对应,并且由于球窝内部存在回流区,该区域的壁面摩擦系数始终为负。从图中还可以看出,当球窝位于 $68\%C_{ax}$ 处时,流动在球窝前缘分离并在球窝后缘再附,随后又在 $x = 84.3\%C_{ax}$ 处发生分离,并在 $x = 87.3\%C_{ax}$ 处再附,相比无球窝控制的工况,分离区域大幅减小,说明球窝位于该处时具有一定的流动控制作用。对比 $72\%C_{ax}$ 和 $74.7\%C_{ax}$ 工况可以发现,控制前、后两种工况流动分离点的位置几乎不变,$74.7\%C_{ax}$ 工况的再附点前移、分离区减小,球窝对流动分离的控制效果较好,而 $72\%C_{ax}$ 工况的再附点则发生后移、分离区增大,球窝对流动分离的控制效果较差。

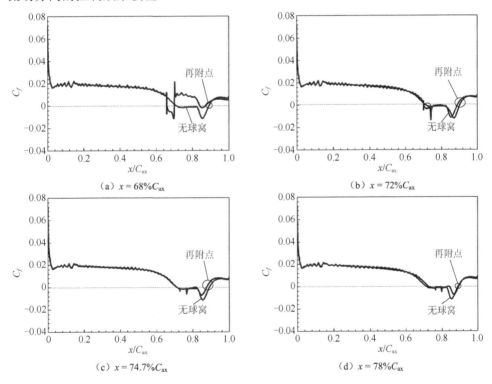

图 5-25 球窝控制前、后叶栅吸力面壁面摩擦系数分布($Re = 76860$,$\delta/D = 0.2$)

图 5-26 所示为球窝控制前、后,不同球窝轴向位置工况的总压分布及流线图。由图可见,采用球窝对流动进行控制后,PakB 叶栅吸力面下游的逆压梯度区和分离泡尺寸均发生了不同程度的改变。与控制前相比,当球窝位于 $68\%C_{ax}$ 位置时,分离泡尺寸和低总压区域均大幅度缩小,总压损失降低。而当球窝布置在 $x=72\%C_{ax}$ 处时,分离泡尺寸则比无球窝控制工况更大,总压损失增加。

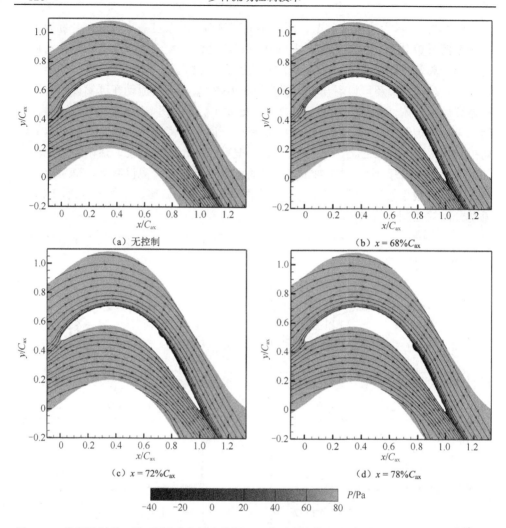

（a）无控制　　　　　　　　　　　　（b）$x = 68\%C_{ax}$

（c）$x = 72\%C_{ax}$　　　　　　　　　　（d）$x = 78\%C_{ax}$

图 5-26　球窝控制前、后，不同球窝轴向位置工况的总压分布及流线图（Re = 76860，δ/D =0.2）

5.3　结　　论

　　本章首先采用 IFA300 热线风速仪对球窝内部及附近的速度型线进行了测量，结合数值方法研究了球窝前沿边界层相对厚度对球窝内部流动结构和分离流动控制效果的影响。然后，将球窝应用于 PakB 叶栅吸力面进行流动分离控制，分析了不同雷诺数和球窝参数的影响。主要得到以下结论。

　　（1）顺压条件下，无论 δ/h 如何变化，球窝内部的主要流动结构均表现为关于流向对称面对称的马蹄涡结构，球窝内部及附近的流动可以分为 3 个区域：回流区、混合冲击区及球窝外部边界层区。当雷诺数相同时，若 δ/h 增大，则回流区尺寸增加，混合冲击强度及冲击区静压减小。而当 δ/h 不变时，雷诺数增加将导致回流区尺寸减小，混合冲击强度及冲击区静压增加。δ/h 越小，即球窝深度与来流边界层厚度相当或大于来流边界层时，球窝更容易将主流高能流体卷吸入边界层、提高边界层能量，所以分离流动的控制效果更好。

（2）球窝内部连接两个焦点并贯通球窝的马蹄涡对球窝流动起主导作用，来流被吸卷到球窝内部，然后绕着两侧焦点盘旋而上（形成马蹄涡涡腿），同时向纵剖面（$z=0$ 平面）靠近，最后在纵剖面附近喷射而出（即马蹄涡头部）。

（3）逆压梯度条件下，球窝内马蹄涡周期性脱落并在球窝尾迹区形成宽度与球窝直径相当的发卡涡排，发夹涡排对边界层分离控制产生重要作用。发夹涡涡腿紧贴壁面并形成流向涡，流向涡卷吸主流高能流体，使边界层能量提高，实现了分离流动的有效控制。球窝内马蹄涡位置的不同使发夹涡开始的位置不同，导致球窝有效控制的程度也不同。

（4）将球窝结构应用于叶栅吸力面尾缘附近流动分离控制时，球窝深径比和轴向位置都会对总压损失系数产生重要影响；合理地选择球窝深径比及轴向位置，可以使吸力面下游再附提前，分离泡尺寸明显减小，相对总压损失系数降低，取得较好的控制效果。

6 振荡扑翼的推进特性及能量采集研究

扑翼振荡现象在自然界中广泛存在，如鸟类、昆虫、鱼类、鲸、海豚等生物可以利用其翅膀或鳍的振荡产生推力和升力进行运动。在不同的振荡模式和运动参数下，扑翼具有不同的气动效应，如通过俯仰、沉浮和沉浮俯仰耦合运动，扑翼可以有效地产生推力；而在沉浮俯仰耦合振荡模式下，通过控制扑翼的运动参数，则可以实现流场能量的采集，如鲸和海豚等海洋生物利用控制扑翼振荡形式来采集洋流中的能量，实现了高速、高效、低噪声运动。

本章以振荡扑翼为研究对象，通过调整扑翼振荡参数和运动模式来控制流场结构，实现了推力产生和能量采集。在此基础上，结合扑翼周围流场结构的发展和气动力演变，研究了运动参数及模式对推进特性和能量采集效果的影响。本章的研究将促进扑翼系统在航空（仿生扑翼飞行器）、航海（仿生水下机器人）以及新能源（风能、潮汐能采集系统）等领域中的应用。

6.1 高频俯仰扑翼推进特性研究

6.1.1 研究对象及数值方法

图 6-1 所示为振荡扑翼数值计算域模型、边界条件和翼型周围网格结构。计算域分为内域和外域，内域直径为 10 倍弦长，远场边界距离翼型表面设为 30 倍弦长，以减小远场边界对翼型周围流场和气动效应的影响[174,175]。翼型表面为无滑移壁面，进口边界设定来流速度，出口边界压力设为远场压力值。

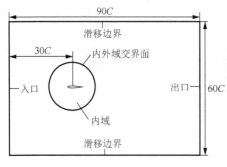

（a）计算域模型和边界条件

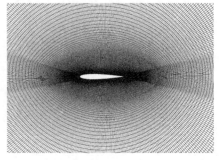

（b）翼型周围网格结构

图 6-1 计算域模型和边界条件及翼型周围网格结构

采用动网格技术模拟俯仰扑翼，翼型周围使用 O 型网格。计算中对计算域内域施加俯仰运动，外域静止，内外域之间通过交界面进行数据传输和交换，保持翼型周围网格结构不变，从而确保计算结果精度[175]。采用针对 CFX 软件编写的 CEL 语言精确控制内域网格节点在每一时间步的位移，实现翼型的俯仰运动。通过网格和时间步无关性验证发现，网格数为 9.6×10^4、每一周期 1200 计算步即可保证计算结果的准确性。

6.1.2 扑翼振型

扑翼俯仰振荡的正弦振型为

$$\alpha(t) = \alpha_{\mathrm{m}} + \theta_0 \sin(2\pi f t) \tag{6-1}$$

式中，α_{m} 为平均攻角；θ_0 为俯仰振幅；f 为俯仰频率，俯仰轴到扑翼前缘的距离为 1/4 弦长。在相同的振荡频率和振幅下，平均推力系数随平均攻角的增大而减小[75]，所以在本书中选择 $\alpha_{\mathrm{m}} = 0$。研究中采用无量纲频率，即缩减频率 k 进行分析，其定义如下：

$$k = \frac{2\pi f c}{U_\infty} \tag{6-2}$$

式中，c 为翼型弦长；U_∞ 为主流速度。

本书还选择了多种非正弦振型，表达式为

$$\begin{cases} \alpha(t) = \dfrac{\theta_0 \arcsin\left[-K\sin(2\pi f t)\right]}{\arcsin(-K)}, & -1 \leqslant K < 0 \\[2mm] \alpha(t) = \theta_0 \sin(2\pi f t), & K = 0 \\[2mm] \alpha(t) = \dfrac{\theta_0 \tanh\left[K\sin(2\pi f t)\right]}{\tanh K}, & K > 0 \end{cases} \tag{6-3}$$

式中，K 为非正弦参数，通过调整 K 值可以使俯仰攻角变化曲线由锯齿波（$K = -1$）逐渐转变为方波（$K \to \infty$）。K 值越接近于 0，振型越接近于正弦，所以可利用 K 衡量扑翼转换运动方向的速度。图 6-2 所示为俯仰振幅 $\theta_0 = 5°$，非正弦参数 $K = -1$，-0.985，-0.9，0，1，2，10 时，俯仰攻角随时间的变化曲线。

平均推力系数、平均功率系数及推进效率是研究扑翼气动特性的重要参数，定义如下。

1. 平均推力系数

扑翼的推力系数定义为

$$C_{\mathrm{T}} = -C_{\mathrm{D}} = -\frac{F_x}{\dfrac{1}{2}\rho U_\infty^2 c} \tag{6-4}$$

式中，C_{D} 为阻力系数；F_x 为沿 x 轴方向的气动力。

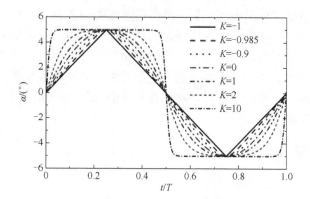

图 6-2　不同 K 值下俯仰攻角随时间的变化曲线（$\theta_0 = 5°$）

则扑翼的平均推力系数为

$$C_{\mathrm{Tm}} = -\frac{1}{T} \int_t^{t+T} C_{\mathrm{D}}(t)\,\mathrm{d}t \qquad (6\text{-}5)$$

式中，T 为扑翼振荡周期。

2. 平均功率系数

扑翼的升力系数定义为

$$C_l = \frac{F_y}{\dfrac{1}{2}\rho U_\infty^2 c} \qquad (6\text{-}6)$$

式中，F_y 为沿 y 轴方向的气动力。平均扭矩系数为

$$C_m = \frac{M}{\dfrac{1}{2}\rho U_\infty^2 c^2} \qquad (6\text{-}7)$$

式中，M 为扑翼绕俯仰轴的气动扭矩。则扑翼的功率为

$$P = F_y(t)V_y(t) + M(t)\omega(t) \qquad (6\text{-}8)$$

式中，$V_y(t)$ 为扑翼沉浮运动速度；ω 为扑翼的俯仰速度。

于是可得扑翼平均功率系数为

$$C_{\mathrm{Pm}} = -\frac{1}{TU_\infty} \int_t^{t+T} \left[C_l(t)V_y(t) + C_m(t)\omega(t) \right]\mathrm{d}t \qquad (6\text{-}9)$$

3. 推进效率

$$\eta = C_{\mathrm{Tm}}/C_{\mathrm{Pm}} \qquad (6\text{-}10)$$

6.1.3　小振幅时俯仰扑翼推进特性研究

本节首先对 NACA0012 翼型小振幅高频俯仰振荡进行了研究。图 6-3 所示为俯仰振幅 θ_0 分别为 2.5°、5° 和 7.5° 时平均推力系数 C_{Tm}、平均功率系数 C_{Pm} 和推

进效率 η 随缩减频率 k 的变化曲线。由图可见，平均推力系数和平均功率系数随缩减频率的增加而增大，并且俯仰振幅越大，平均推力及功率系数增大得越快。

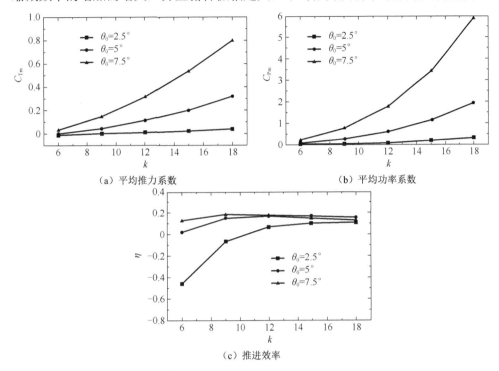

（a）平均推力系数　　　　　　　　（b）平均功率系数

（c）推进效率

图 6-3　扑翼平均推力系数 C_{Tm}、平均功率系数 C_{Pm} 和推进效率 η 随缩减频率及俯仰振幅的变化关系（小振幅）

此外，从图 6-3（c）可以看出，当俯仰振幅 θ_0 为 5° 和 7.5° 时，推进效率均为正值，并且频率的变化对推进效率影响较小，这说明振荡频率越大，获得的推力越大，但同时会消耗一定的功率，推力提高的幅度与功率消耗的幅度大致相同，因此推进效率没有发生明显改变。$\theta_0 = 2.5°$ 工况的推进效率则与上述两种工况存在较大区别，当缩减频率较低时，推进效率为负，随着缩减频率的增大，推进效率逐渐增大，直至 $k \approx 9$ 时，推进效率由负转正。这是因为振荡频率较低时，黏性阻力起主导作用，因此推进效率为负；而频率超过某临界值后，推进气动力大于黏性阻力并起主导作用，因此推进效率由负转正。该临界频率还与振幅有关，随着振幅的增大，临界频率逐渐减小。

图 6-4 所示为 $k = 9$，$\theta_0 = 5°$ 工况下，不同时刻扑翼周围流场的涡量云图。由于俯仰振幅和攻角较小，在扑翼前缘没有发生流动分离。扑翼在上冲程（由最小攻角俯仰至最大攻角）运动过程中，尾缘处产生逆时针旋涡，而在下冲程运动过程中，尾缘处产生顺时针旋涡，交替生成的旋涡在扑翼尾流中形成反卡门涡街，

这与 Koochesfahani[176]的流场可视化实验结果一致。该涡街的上排为逆时针旋涡，下排为顺时针旋涡，这是典型的可以产生推力的流场结构。

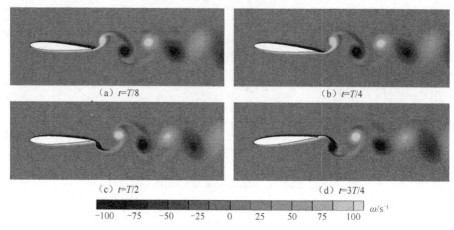

(a) $t=T/8$　　　　　　　　　　　　(b) $t=T/4$

(c) $t=T/2$　　　　　　　　　　　　(d) $t=3T/4$

图 6-4　不同时刻扑翼周围流场的涡量云图（$k=9$，$\theta_0=5°$）

6.1.4　大振幅时俯仰扑翼推进特性研究

目前，研究人员对俯仰振荡推进特性的研究主要集中在振幅较小（$0°\sim7.5°$）的工况[75,76]，本节将选取振幅 θ_0 为 $10°\sim30°$ 的正弦振型，对大振幅俯仰振荡扑翼的推进特性进行研究。

图 6-5 所示为不同振幅下俯仰扑翼的平均推力系数·C_{Tm}、平均功率系数 C_{Pm} 和推进效率 η 随缩减频率 k 的变化曲线，为了进行对比，图中还给出了小振幅工况 $\theta_0=5°$ 的相应曲线。从图中可以看出，在同一振幅下，平均推力系数和平均功率系数随缩减频率的增大而增大。当振幅较小时（$\theta_0=5°$），平均推力系数和平均功率系数均较小，但随着振幅的增大，两系数大幅提升。

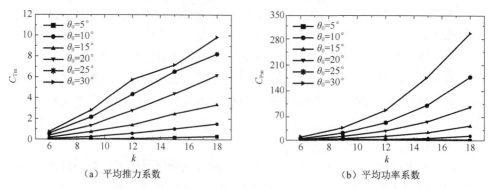

（a）平均推力系数　　　　　　　　　　（b）平均功率系数

图 6-5　扑翼平均推力系数 C_{Tm}、平均功率系数 C_{Pm} 和推进效率 η 随缩减频率及
俯仰振幅的变化关系（大振幅）

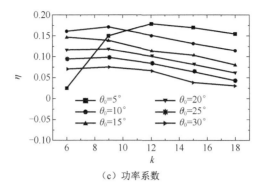

（c）功率系数

图 6-5 扑翼平均推力系数 C_{Tm}、平均功率系数 C_{Pm} 和推进效率 η 随缩减频率及
俯仰振幅的变化关系（大振幅）（续）

推进效率的变化规律则明显不同［图 6-5（c）］。对于同一大振幅工况，当缩减频率较小时，其对效率的影响不大，而当缩减频率较大时，效率则随着频率的增大逐渐降低。对于同一频率工况，推进效率则随着振幅的增大而减小，这是因为随着振幅的增大，虽然扑翼推力增大，但消耗的功率也随之增大，且功率消耗的幅度大于推力增加的幅度，所以推进效率反而降低，这与小振幅工况下效率的变化趋势完全不同。此外，俯仰振荡扑翼的推进效率大幅低于沉浮俯仰耦合振荡扑翼，Jones 和 Platzer[177]应用 Garrick 的线性理论[178]对 $\theta_0 = 2°$ 工况进行了研究，发现最大推进效率为 30%，如果考虑流体黏性，则推进效率还将显著降低，因此图 6-5 中得出的推进效率均小于 20%。

为了进一步分析大振幅对推进特性的影响，引入两个无量纲参数 β_T 和 β_P，定义如下：

$$\beta_T = C_{Tm}(\theta + \Delta\theta) - C_{Tm}(\theta) \tag{6-11}$$

$$\beta_P = C_{Pm}(\theta + \Delta\theta) - C_{Pm}(\theta) \tag{6-12}$$

式中，β_T 和 β_P 分别为振幅增大所引起的平均推力系数增量和平均功率系数增量；$\Delta\theta$ 为振幅增量。β_T 为正，表明振幅增大将导致推力增加，且 β_T 越大，在振幅增量相同的情况下，推力增大得越多；反之 β_T 为负，表明振幅增大将导致推力减小。β_P 与平均功率系数的关系与此类似。

图 6-6 所示为不同缩减频率下，β_T 和 β_P 随振幅的变化曲线，振幅增量 $\Delta\theta$ 取 5°。由图可见，在本节研究参数范围内，β_T 始终为正，说明振幅增加时，平均推力系数逐渐增大，因此可以通过增大振幅来提高推力；但当振幅增大到一定程度后，β_T 逐渐减小，说明通过增大振幅来提高推力的能力逐渐减弱。从图中还可以看出，振幅越大，β_P 越大，即随着振幅的增大，功率系数提升得越来越快。由此可知，当振幅增大时，推力增加，消耗的功率也增大，但推力增加幅度小于功率消耗幅度，所以振幅越大，推进效率越低（图 6-5）。

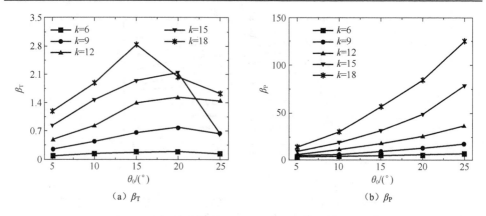

图 6-6　不同缩减频率下 β_T 和 β_P 随振幅 θ_0 的变化关系

图 6-7 给出了 3 种不同振幅及频率工况下，俯仰扑翼在上冲程运动过程中，翼型周围流场的涡量云图。与小振幅工况的流场结构不同，当振幅较大时，流动会在扑翼前缘发生分离，但前缘涡尺寸较小，且强度远小于尾缘涡。对比图 6-7（a）和图 6-7（b）可以发现，随着振幅的增大，前缘涡及尾缘反卡门涡街的强度均逐渐增大。这是因为俯仰扑翼的推力是由尾缘涡引起的近似"射流"产生的，推力大小与"射流"时均速度分布有关，取决于尾缘涡的结构和强度。在相同频率下，振幅增大使俯仰速率提高，在扑翼尾缘形成的反卡门涡街更强，平均"射流"的时均速度更大，因而产生了更大的推力[75]。不过，前缘涡增强会使能量消耗变大，导致推进效率降低。

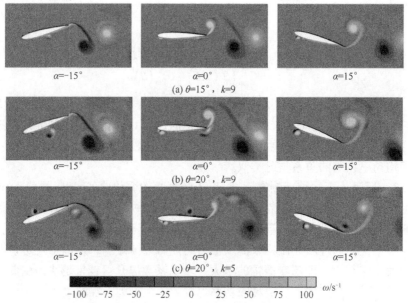

图 6-7　扑翼上冲程运动过程中翼型周围流场的涡量云图

对比图 6-7（b）和图 6-7（c）可以看出，振荡频率对前缘涡强度的影响较小，但对其形成和发展则具有显著影响[79]。由于前缘涡向下游的运动速度主要由来流速度决定，基本保持不变，当扑翼振荡的频率增大时，振荡周期缩短，在扑翼下冲程运动开始之前，前缘涡向下游运动的时间变少，因此前缘涡在扑翼附近的位置发生明显改变，扑翼表面压力分布也随之变化。从图中还可以看出，振荡频率对尾缘涡的强度影响较大，随着振荡频率的提高，尾缘涡的尺寸和涡量均逐渐增大。

图 6-8 给出了同一频率、3 种不同振幅工况下，扑翼在下冲程运动过程中经过平衡位置时的流场涡量云图。Young 和 Lai[179]的研究显示，当扑翼沉浮振荡时，会出现沉浮运动诱导涡和固体扰流脱落涡间的相互作用，但根据图 6-8 所示，本书中扑翼做俯仰振荡时并未出现这种现象，这是因为扑翼尾缘运动幅度较大且频率较高，所以抑制了固体扰流脱落涡的形成。随着振幅的增大，尾缘涡强度增大，尾流方向也发生变化。从 $\theta_0 = 10°$ 起，尾流开始偏移，并且振幅越大，尾流偏移程度越大。Yu 等[180, 181]通过数值模拟和实验也观察到上述现象，并指出随着斯特劳哈尔数 St 的增大，俯仰扑翼的尾流由产生阻力转为产生推力，并且尾流偏移程度逐渐增大。数值分析结果显示，尾流的偏移方向主要取决于扑翼初始俯仰方向[182]。在本书中，扑翼初始俯仰运动为上冲程，这将引起尾流向下方偏移。从图中还可以看出，前缘涡的尺寸和强度远小于尾缘涡，因此对俯仰扑翼的气动特性影响较小。

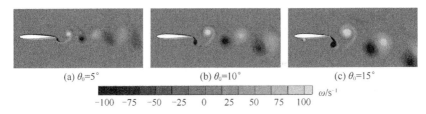

(a) $\theta_0 = 5°$ (b) $\theta_0 = 10°$ (c) $\theta_0 = 15°$

$-100 \quad -75 \quad -50 \quad -25 \quad 0 \quad 25 \quad 50 \quad 75 \quad 100$ ω/s^{-1}

图 6-8　扑翼在下冲程运动过程中经过平衡位置时的流场涡量云图（$\alpha = 0°$，$k = 9$）

6.1.5　非正弦振型对俯仰扑翼推进特性的影响

本节选取 5 种非正弦参数（$K = -0.985, -0.9, 0, 1, 2$）研究非正弦振型对俯仰扑翼推进特性的影响，取流动雷诺数 $\text{Re} = 1.35 \times 10^4$，扑翼振幅 $\theta_0 = 2.5°, 5°$，缩减频率 $k = 6, 9, 12, 15, 18$。

图 6-9 给出了振幅 $\theta_0 = 2.5°$ 时，平均推力系数 C_{Tm}、平均功率系数 C_{Pm} 和推进效率 η 随缩减频率 k 的变化曲线。由图可见，当振型一定（即 K 值不变）时，随着缩减频率的增大，扑翼平均推力系数、平均功率系数和推进效率均逐渐增大。而当频率不变时，随着非正弦参数 K 的增大，C_{Tm} 和 C_{Pm} 逐渐增大，并且频率越高，两系数增大的幅度越大，特别是 $K = 2$ 工况，两系数可达 $K = 0$（正弦振型）工况的 2～3 倍。

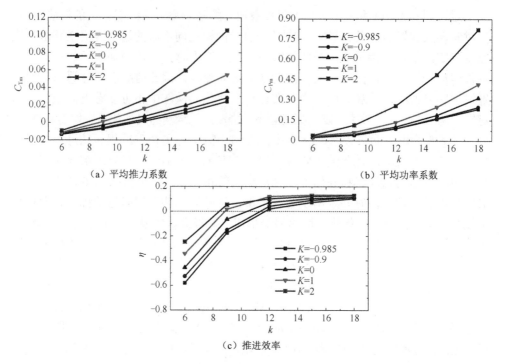

图 6-9　不同非正弦参数下平均推力系数 C_{Tm}、平均功率系数 C_{Pm} 和
推进效率 η 随缩减频率 k 的变化（$\theta_0 = 2.5°$）

　　此外，当振型一定时，随着缩减频率的增大，平均推力系数由负转正，说明流场逐渐由产生阻力转化为产生推力，且每一种振型都存在一个临界频率，大于该临界频率，推力系数即为正，该临界频率随着 K 的增大而逐渐减小，说明增大 K 可以促进推力的产生。

　　从图中还可以看出，$\theta_0 = 2.5°$ 工况的平均功率系数总大于零，当频率较低时，由于平均推力系数小于零，推进效率为负。

　　图 6-10 所示为 $\theta_0 = 5°$ 时，平均推力系数 C_{Tm}、平均功率系数 C_{Pm} 和推进效率 η 随缩减频率 k 的变化曲线。对比图 6-9 与图 6-10 发现，在相同振型和频率下，增大振幅可以提高平均推力系数 C_{Tm} 和平均功率系数 C_{Pm}，并且频率和 K 值越大，两系数的提升幅度越大。俯仰扑翼只在高频条件下才产生推力[183]，并且产生的推力比较有限，如 $k = 12$，$\theta_0 = 5°$ 时，平均推力系数 $C_{Tm} = 0.1$，而采用非正弦振型后可以大幅提高推力，如相同频率和振幅工况下，应用非正弦振型（$K = 2$）时，C_{Tm} 可增大到 0.25。

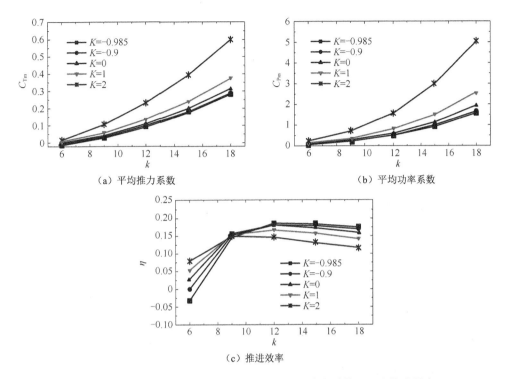

（a）平均推力系数　　　　　　　　　　（b）平均功率系数

（c）推进效率

图 6-10　不同振型下平均推力系数 C_{Tm}、平均功率系数 C_{Pm} 和推进效率
η 随缩减频率 k 的变化（$\theta_0 = 5°$）

对比图 6-9 和图 6-10，$\theta_0 = 5°$ 工况的推进效率随缩减频率的变化趋势与 $\theta_0 = 2.5°$ 工况明显不同。$\theta_0 = 5°$ 时存在一个临界缩减频率 $k = 9$，频率大于该临界值，则平均功率系数 C_{Pm} 增加得比平均推力系数 C_{Tm} 快，因而推进效率降低。

从图中还可以看出，在相同频率下，当非正弦参数 $K < 0$ 时，由于 K 的变化对扑翼最大俯仰速度的影响较小，C_{Tm} 和 C_{Pm} 的变化也较小；而当 $K > 0$ 时，随着 K 的增大，扑翼最大俯仰速度迅速增大，因此 C_{Tm} 和 C_{Pm} 也显著提高。

Young 和 Lai[184]发现，仅基于振幅的 St 并不能全面描述振荡扑翼推力的产生特征。根据前面分析，本书也得出了类似结论，俯仰振荡扑翼的推进特性不仅与 St 有关，也与振型密切相关。

为了研究非正弦振型对推力产生过程的影响，图 6-11 给出了 $k = 9$，$\theta_0 = 5°$ 工况下推力系数 C_T 和功率系数 C_P 随时间的变化曲线。由图可见，非正弦参数 K 对推力系数和功率系数具有显著影响。在 K 由 0 增大到 2 的过程中，最大推力系数增大了 2 倍，并且出现时间推迟，而最小推力系数的出现时间则有所提前。当 $K = 1$ 和 2 时，在一个周期内出现了多个推力系数峰值，这有利于平均推力系数的提高。此外，最大功率系数也大幅提高。

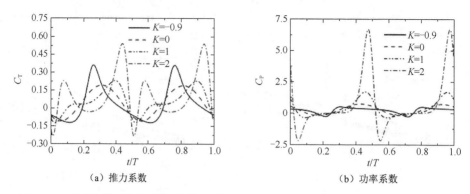

（a）推力系数　　　　　　　　　　　（b）功率系数

图 6-11　不同振型下扑翼推力系数 C_T 和功率系数 C_P 随时间的变化（$\theta_0 = 5°$，$k = 9$）

图 6-12 所示为 $k = 9$，$\theta_0 = 5°$ 工况下，扑翼经过平衡位置时的流场涡量云图。从图中可以看出，不同振型下均未出现前缘涡和尾流偏移现象，但振型的变化对扑翼尾流形态影响显著。在扑翼尾流中，随着 K 的增大，上排逆时针旋涡与下排顺时针旋涡之间的垂直距离逐渐缩短：$K = 0$ 时，上下排旋涡的距离较大；K 增大到 1 时，该距离明显减小 [图 6-12（b）]；而 $K = 2$ 时，两排涡几乎位于同一水平线上 [图 6-12（c）]。

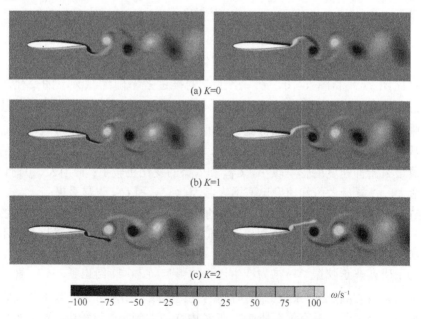

图 6-12　不同振型下扑翼经过平衡位置时的流场涡量云图

$\theta_0 = 5°$，$k = 9$；左侧图为上冲程，右侧图为下冲程

6.1.6 弯度对俯仰扑翼推进特性的影响

本节选取图 6-13 所示的 NACA0012、NACA2612、NACA4312、NACA4612 共 4 种翼型研究弯度对俯仰扑翼推进特性的影响。其中，NACA0012 为对称翼型（直翼型），其他 3 种弯翼型的厚度与 NACA0012 相同，均为 $0.12c$，选择翼型时充分考虑了弯度和弯曲位置等因素的影响。

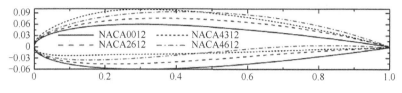

图 6-13 不同 NACA 系列弯翼型

图 6-14 给出了 $\theta_0 = 5°$ 时，不同弯度扑翼的平均推力系数 C_{Tm}、平均功率系数 C_{Pm} 和推进效率 η 随缩减频率 k 的变化曲线。由图可见，在相同的缩减频率下，不同弯度扑翼的平均推力系数和平均功率系数区别不大，与振幅和非正弦振型等影响因素相比，弯度对俯仰振荡扑翼的推进特性影响很小。

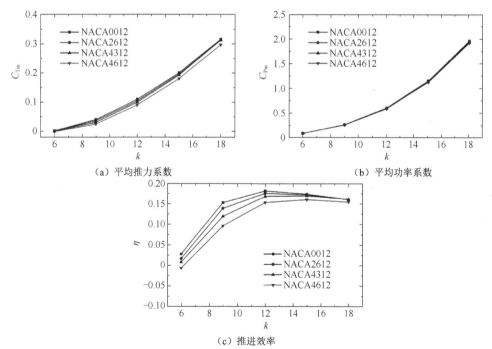

（a）平均推力系数　　　　　　（b）平均功率系数

（c）推进效率

图 6-14 不同弯度扑翼的平均推力系数 C_{Tm}、平均功率系数 C_{Pm} 和推进效率 η 随缩减频率 k 的变化（$\theta_0 = 5°$）

图 6-15 所示为 $\theta_0 = 5°$，$k = 9$ 时推力系数和功率系数随时间的变化关系。从图中可以看到，不同翼型的推力系数和功率系数变化趋势差异较大。对称翼型在上、下冲程中产生的推力对称，而弯翼型在上、下冲程中产生的推力则明显不对称，这是因为相比对称翼型，弯翼型上部的厚度增加、下部的厚度减小，导致翼型表面压力分布发生变化，使弯翼型在下冲程中产生的推力增大，而在上冲程中产生的推力减小。此外，相比直翼型，弯翼型的功率系数在上冲程中显著增大，而在下冲程中有所降低。综合来看，直翼型与弯翼型的推进性能基本相当。

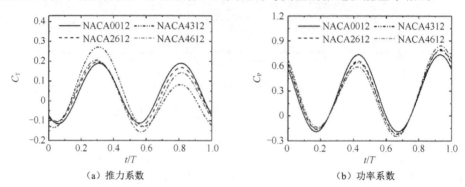

（a）推力系数　　　　　　　　　　（b）功率系数

图 6-15　不同弯度翼型推力系数 C_T 和功率系数 C_P 随时间的变化（$\theta_0 = 5°$，$k = 9$）

6.2　沉浮扑翼推进特性研究

6.2.1　沉浮扑翼振型

本节采用正弦和非正弦振型对沉浮扑翼的推进特性进行研究，振型定义如下：

$$\begin{cases} h(t) = \dfrac{H_0 c \arcsin\left[-K\sin\left(2\pi ft\right)\right]}{\arcsin\left(-K\right)}, & -1 \leqslant K < 0 \\ h(t) = H_0 c \sin\left(2\pi ft\right), & K = 0 \\ h(t) = \dfrac{H_0 c \tanh\left[K\sin\left(2\pi ft\right)\right]}{\tanh K}, & K > 0 \end{cases} \tag{6-13}$$

式中，H_0 为无量纲振幅；c 为扑翼弦长；f 为振动频率。本节选取 $K = -0.95, 0, 1, 1.5, 2$ 共 5 种振型进行研究。

6.2.2　研究工况

为了考察沉浮扑翼的推进特性及其影响因素，本节对 $Re = 10^4$、无量纲振幅 $H_0 = 0.15$ 和 0.3 两种工况下的沉浮扑翼流场特性进行研究，具体研究工况见表 6-1。

表 6-1 沉浮扑翼推进特性研究工况

$H_0 = 0.15$		$H_0 = 0.3$	
St	k	St	k
0.1	2.1	0.1	1.0
0.15	3.1	0.2	2.1
0.2	4.2	0.3	3.1
0.25	5.2	0.4	4.2
0.3	6.3	0.5	5.2

6.2.3 不同振型对沉浮扑翼推进特性的影响

图 6-16 所示为 $H_0 = 0.15$ 时，不同振型下扑翼平均推力系数 C_{Tm}、平均功率系数 C_{Pm} 和推进效率 η 随缩减频率 k 的变化关系。由图可见，在本书所选取的非正弦参数范围内，平均推力系数均大于零，表明无论采用哪种振型，沉浮扑翼均可产生推力。并且当缩减频率不变时，平均推力系数和平均功率系数随着 K 的增大而增大，尤其是 $K > 0$ 时，采用非正弦振型可以大幅提高平均推力。而在同一振型下，平均推力系数和平均功率系数则随着缩减频率的增大而显著增大。

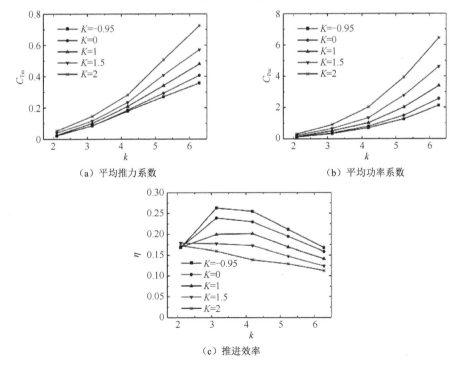

（a）平均推力系数　　　　　　（b）平均功率系数

（c）推进效率

图 6-16 不同振型下扑翼平均推力系数 C_{Tm}、平均功率系数 C_{Pm} 及推进效率 η 随缩减频率 k 的变化（$H_0 = 0.15$）

　　从推进效率曲线 [图 6-16（c）] 可以观察到，当 K 较小时，随着频率的增加，推进效率先迅速增大，然后逐渐减小；而当 K 较大时，推进效率则随着频率的增加而单调减小。在较高振荡频率下，随着 K 值的增大，推进效率逐渐降低，这是因为 K 的增大提高了最大沉浮速度，不仅促进推力的产生，而且引起气动升力增大，功耗迅速增加。

　　图 6-17 所示为 $H_0 = 0.3$ 时，不同振型下沉浮扑翼平均推力系数 C_{Tm}、平均功率系数 C_{Pm} 和推进效率 η 随缩减频率 k 的变化曲线。由图可见，平均推力系数、平均功率系数均随着频率及非正弦参数的增大而增大，变化趋势与 $H_0 = 0.15$ 工况一致。但对比图 6-16 可知，在相同频率及非正弦参数下，大振幅工况的推力系数及功率系数均大幅提高，其中平均功率系数增大得更多，因此大振幅工况的推进效率及最大推进效率均低于相同频率及非正弦参数的小振幅工况。

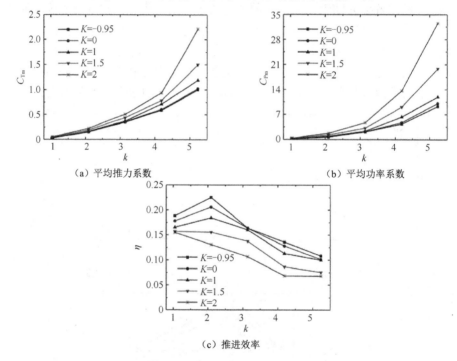

（a）平均推力系数　　　　　　　　　　（b）平均功率系数

（c）推进效率

图 6-17　不同振型下扑翼平均推力系数 C_{Tm}、平均功率系数 C_{Pm} 及
推进效率 η 随缩减频率 k 的变化（$H_0 = 0.3$）

　　图 6-18 所示为 $H_0 = 0.3$ 时，不同缩减频率下推力系数 C_T 和功率系数 C_P 随时间的变化曲线。由图可见，推力系数和功率系数均呈周期性变化。其中，最大推力系数和最大功率系数出现在 0 及 $0.5T$ 时刻附近，此时扑翼运动到平衡位置并达到最大速度；最小推力系数和最小功率系数则出现在 $0.25T$ 及 $0.75T$ 时刻附近，此时扑翼到达最大位移处，速度为零。从图中还可以看到，随振荡频率的增大，

推力系数和功率系数的最大值显著提高，最小值则变化很小，因此增大振荡频率可显著提高平均推力系数和平均功率系数。

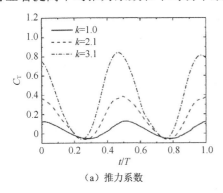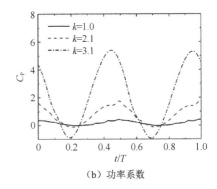

（a）推力系数　　　　　　　　　（b）功率系数

图 6-18　不同缩减频率 k 下，推力系数 C_T 和功率系数 C_P 随时间的变化（ $H_0 = 0.3$ ）

图 6-19 所示为 $H_0 = 0.3$ ， $k = 3.1$ 时，不同振型下推力系数 C_T 和功率系数 C_P 随时间的变化曲线。由图可见， K 越大，扑翼经过平衡位置时的速度越快，最大推力系数及功率系数也就越大。由于最小推力系数和功率系数变化较小，平均推力系数和平均功率系数将随着 K 的增大而增大。此外， K 越大，推力系数和功率系数保持较小值的时间越长，仅在 0 及 $0.5T$ 时刻附近达到最大值。这是因为，随着 K 的增大，扑翼在大位移处停留的时间更长，此时扑翼速度较低，因此推力系数和功率系数保持较小值的时间也就越长。

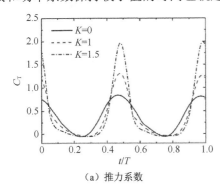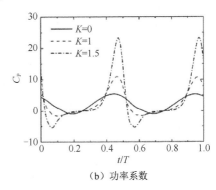

（a）推力系数　　　　　　　　　（b）功率系数

图 6-19　不同振型下推力系数 C_T 和功率系数 C_P 随时间的变化曲线（ $H_0 = 0.3$ ， $k = 3.1$ ）

当扑翼振荡频率较低时，流场中黏性起主导作用，扑翼主要承受时均阻力，且尾流形成卡门涡街。随着扑翼振荡频率的增大，尾流逐渐由卡门涡街转变为反卡门涡街，其时均速度分布特征与向后喷出的射流近似，因而产生向前的时均推力[185]。图 6-20 给出了 $H_0 = 0.15$ ， $k = 4.2$ 时，不同振型工况、不同时刻的沉浮扑翼周围流场涡量云图。由图可见，不同振型的流场结构演变过程十分相似。由于扑翼振动时沉浮频率较大，经过平衡位置时的有效攻角就较大，因此在扑翼前缘发生流动分离，且尾流中形成反卡门涡街。通过对比不同振型的流场可以发现，非正弦振型对流场结构的演变具有显著影响。随着 K 的增大，扑翼以更快的速度经过平衡位置，在尾缘产生强度更高的反卡门涡街，推力系数随之增大。但是 K 越大，最大有效攻角就越大，在扑翼前缘将发生更大范围的流动分离，从而导致推进效率下降。

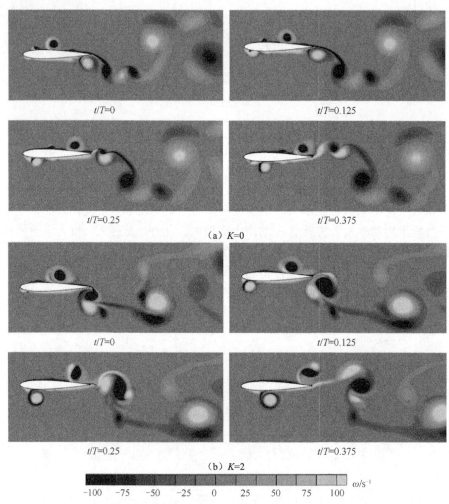

（a）$K=0$

（b）$K=2$

图 6-20   不同振型工况、不同时刻的扑翼周围流场涡量云图（$H_0 = 0.15$，$k = 4.2$）

6.3   采用新型俯仰振型的扑翼推进特性研究

6.3.1   新型俯仰振型

单纯的俯仰振型或沉浮振型产生推力的能力较差，因此应用不广，若采用沉浮俯仰耦合振型，又存在振荡模式复杂、机械机构难以实现的缺点。Go 和 Hao[186]提出了一种新型俯仰振型并对其推进特性进行了实验研究，以期达到产生高推力并易于进行机械控制的目的。

新型俯仰振型与传统俯仰振型的区别主要在于俯仰轴的位置不同。传统振型中俯仰轴位于扑翼弦线上，而新型振型的俯仰轴则位于扑翼弦线的上游延长线上（图 6-21）。因此，新型俯仰振型为沉浮、俯仰和前后振荡的耦合运动，并且与沉浮俯仰耦合振型相比，新型振型更容易实现机械控制。Go 和 Hao[186]仅研究了频率和雷诺数对扑翼推进特性的影响，本节通过变化运动参数（俯仰轴距离扑翼前缘的距离 R、缩减频率 k、俯仰振幅 θ_0）、扑翼振型和翼型几何参数（翼型厚度和弯度），系统地研究新型俯仰振型的推进特性，探索提高推力和效率的方法。

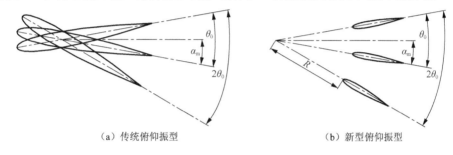

（a）传统俯仰振型　　　　　　　　　（b）新型俯仰振型

图 6-21　传统俯仰振型和新型俯仰振型

本节将采用 NACA0012 翼型研究运动参数和非正弦振型等因素对扑翼推进特性的影响，并使用多种其他 NACA 系列翼型研究翼型形状因素的影响。非正弦振型表达式见式（6-3），选取 6 种非正弦参数 $K = -0.97, -0.85, 0, 1, 1.5, 2$ 进行研究。在一定的缩减频率和振幅下，平均推力系数随平均攻角的增大而减小，所以本节选取平均攻角 $\alpha_m = 0°$。

6.3.2　网格和时间步无关性验证

新型俯仰振荡扑翼的数值研究方法与传统俯仰扑翼的研究方法相同，此处不再复述。研究选取 $4.8×10^4$、$9.6×10^4$ 和 $1.92×10^5$ 共 3 种网格数进行网格无关性验证；在进行时间步无关性验证时，网格数则选用 $9.6×10^4$，每个振荡周期取 1200、2400 和 4800 共 3 种时间步，且每个时间步进行 5 次子迭代计算。为了充分进行数值验证，本节针对俯仰轴位置 R、缩减频率 k 和振幅 θ_0 不同的两种典型工况进行分析，两种工况均发生了显著的扑翼前缘流动分离。

表 6-2 所示为不同网格数和时间步下，两种工况的平均推力系数 C_{Tm}、平均功率系数 C_{Pm} 和推进效率 η。图 6-22 给出了不同网格数和时间步下，工况 1 的推力系数 C_T 随时间的变化曲线。对比图 6-22 和表 6-2 可以发现，对于每个振荡周期，时间步取 2400 步即可满足计算精度要求。而取定时间步为 2400 步后，两种

工况在网格数为 9.6×10^4 和 1.92×10^5 时，计算结果基本吻合，推力系数和功率系数的平均值误差小于 2%，瞬时值误差小于 4%。因此，后续分析计算采用的网格数为 9.6×10^4，每周期的时间步为 2400 步。

表 6-2　数值计算网格和时间步无关性验证

验证	网格单元数	时间步	C_{Tm}	C_{Pm}	η
工况 1：$R=0.5c$，$\theta_0=20°$，$k=3$					
时间步验证	9.6×10^4	1200	0.693	4.736	0.146
	9.6×10^4	2400	0.694	4.742	0.146
	9.6×10^4	4800	0.697	4.738	0.147
网格无关性验证	4.8×10^4	2400	0.697	4.595	0.152
	9.6×10^4	2400	0.694	4.742	0.146
	1.92×10^5	4800	0.703	4.763	0.147
工况 2：$R=1.5c$，$\theta_0=10°$，$k=2$					
时间步验证	9.6×10^4	1200	0.227	1.134	0.200
	9.6×10^4	2400	0.226	1.135	0.199
	9.6×10^4	4800	0.227	1.144	0.198
网格无关性验证	4.8×10^4	2400	0.231	1.167	0.198
	9.6×10^4	2400	0.226	1.135	0.199
	1.92×10^5	4800	0.230	1.166	0.197

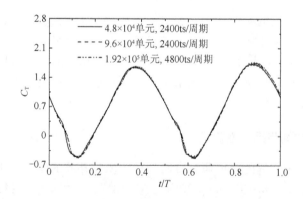

图 6-22　工况 1 推力系数 C_T 随时间的变化（$R=0.5c$，$\theta_0=20°$，$k=3$）

6.3.3　运动参数对新型俯仰扑翼推进特性的影响

为了系统研究运动参数对新型俯仰振型推进特性的影响，本节选取了较大范围的俯仰轴位置 R（$0.5c\sim2.5c$）、缩减频率 k（$2\sim7$）和振幅 θ_0（$5°\sim30°$），研究采用 NACA0012 翼型。

1. 缩减频率 k 和俯仰轴位置 R 的影响

图 6-23 所示为 $\theta_0=10°$ 时，不同俯仰轴位置工况的平均推力系数 C_{Tm}、平均

功率系数 C_{Pm} 和推进效率 η 随缩减频率 k 的变化曲线。图中还给出了传统俯仰振型（ $R=-0.33c$ ）的结果进行对比。

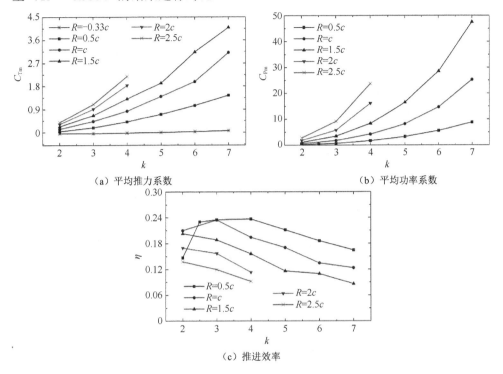

（a）平均推力系数　　　　　　　（b）平均功率系数

（c）推进效率

图 6-23　不同俯仰轴位置工况的平均推力系数 C_{Tm}、平均功率系数 C_{Pm} 和
推进效率 η 随缩减频率 k 的变化（ $\theta_0 = 10°$ ）

对于传统俯仰振荡模式，随着缩减频率 k 的增大，气动力逐渐由阻力转化为推力，临界缩减频率约为 5。从图 6-23 中可以看出，即使在振荡频率较高时，传统振型的平均推力系数仍然很低，而新型俯仰振荡模式可以显著增加推力。随着缩减频率 k 的增大，C_{Tm} 和 C_{Pm} 显著增大，并且 C_{Tm} 近似为 k 的二次函数，这与 Go 和 Hao[186]的研究结论一致。

扑翼振荡的推力主要取决于翼型尾缘涡的结构和强度，因此对形成尾缘反卡门涡街或增强涡街强度有影响的因素都有利于提高推力。在一定振幅下，增大俯仰轴位置 R 可提高扑翼的沉浮振幅和速度，而增大振动频率 k 则可提高扑翼的俯仰速度，由此可以增强扑翼尾缘的反卡门涡街和时均射流速度，提高推力。但是，增大 R 和 k 会使最大有效攻角变大，翼型前缘将发生更大范围的流动分离，从而导致推进效率降低[187]。因此必须寻求较好的俯仰轴位置和振动频率，既提升推力又保证一定的推进效率。

图 6-24 所示为 $\theta_0 = 10°$ 时，一个周期内，不同缩减频率和俯仰轴位置工况的推力系数 C_T 及功率系数 C_P 随时间的变化曲线（图中 $t/T = 0$ 对应于俯仰振荡的下冲程中 $\alpha = 0°$ 时刻）。由图可见，当频率不变、R 从 $0.5c$ 增大到 $1.5c$ 时，整个振荡周期内，瞬时推力系数均大幅提高，最大推力系数和最大功率系数也显著增大。当俯仰轴位置不变时，频率对推力系数和功率系数的影响类似。当翼型向平衡位置运动时，出现最大推力，当翼型经过平衡位置并向最大位移处运动时则出现最小推力。这是因为在新型俯仰振荡中，当翼型向平衡位置运动时（$t/T = 0.25 \sim 0.5$ 和 $t/T = 0.75 \sim 1$）开始形成可产生推力的反卡门涡街，并且尾缘涡在翼型到达平衡位置时已经基本形成；而当翼型远离平衡位置时，尾缘的反卡门涡街脱离翼型并向下游运动。此外，如果在翼型吸力面出现前缘涡，则阻力增大，推力系数降低。由此可知，翼型在上冲程或下冲程中的大部分推力是在其由最大位移向平衡位置运动的过程中产生的。

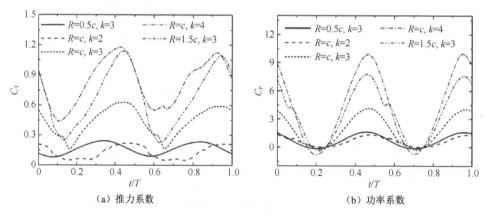

（a）推力系数　　　　　　　　　　　　　（b）功率系数

图 6-24　不同缩减频率 k 和俯仰轴位置 R 工况的推力系数 C_T 及
功率系数 C_P 随时间的变化（$\theta_0 = 10°$）

2. 振幅 θ_0 的影响

当频率和俯仰轴位置一定时，改变振幅会影响最大俯仰速度和有效攻角等关键参数。图 6-25 所示为 $k = 3$ 时，不同俯仰轴位置工况的平均推力系数 C_{Tm}、平均功率系数 C_{Pm} 和推进效率 η 随振幅 θ_0 的变化曲线。图 6-26 给出了 $R = c$ 和 $k = 3$ 时，不同振幅 θ_0 工况的瞬时推力系数 C_T 和功率系数 C_P 随时间的变化曲线。由图可见，随着振幅 θ_0 的增加，平均推力系数 C_{Tm} 逐渐增大，此时，增大振幅对推进效果的影响类似于增大俯仰轴位置和振动频率；但当振幅增大到一定程度后，平均推力系数迅速下降，平均功率系数大幅增加，导致推进效率迅速降低。因此存在一个可实现最佳推进效果的最优振幅区间。

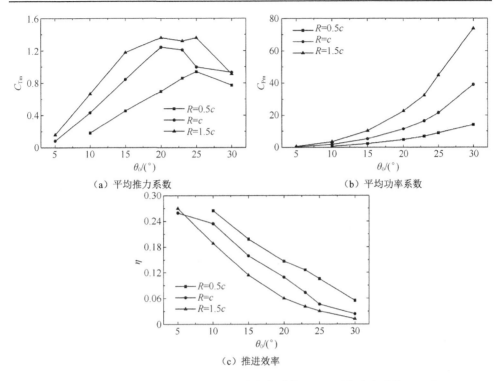

（a）平均推力系数

（b）平均功率系数

（c）推进效率

图 6-25 不同俯仰轴位置工况的平均推力系数 C_{Tm}、平均功率系数 C_{Pm} 及推进效率 η 随 θ_0 的变化（$k = 3$）

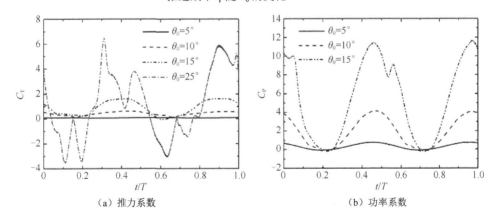

（a）推力系数

（b）功率系数

图 6-26 不同振幅工况的瞬时推力系数 C_T 和功率系数 C_P 随时间的变化（$R = c$，$k = 3$）

图 6-27 为 $R = c$，$k = 3$ 时，3 种不同振幅工况下不同时刻扑翼周围流场的涡量云图。由图可见，对于小振幅工况（$\theta_0 = 5°$），当 $t/T = 0.25$ 时，翼型前缘开始形成小尺寸前缘涡，尾缘涡也开始形成。当 $t/T = 0.5$ 时，前缘涡运动至接近翼型弦线中部，尺寸仍然较小，尾缘涡则已脱离尾缘，与上一冲程形成的尾缘涡形成

反向旋转的涡对。当$t/T=0.75$时，前缘涡运动至翼型尾缘附近的尾流中，同时翼型上表面的流动也开始发生分离，形成翼型上表面前缘涡。对于较大振幅工况（$\theta_0=10°$），在$t/T=0.25$时刻，翼型前缘就形成了较大尺寸的前缘涡，并且已脱离前缘向下游发展，而尾缘涡也开始脱离翼型尾缘，进入尾流。对比$\theta_0=5°$工况可知，增大振幅将使翼型前缘涡更早生成，并且强度更大。由于受到翼型运动的挤压，前缘涡在向下游的运动过程中受到限制，强度和尺寸基本保持不变。直至$t/T=0.75$时刻，前缘涡脱离翼型尾缘，进入尾流。

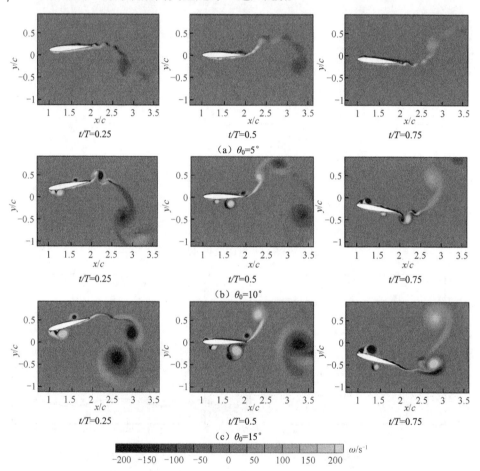

图 6-27　上冲程运动过程中不同时刻扑翼周围流场的涡量云图（$R=c$，$k=3$）

从图 6-27 还可以看出，随着振幅的增大，在翼型尾缘形成了更强的反卡门涡街，推力因此增大；但翼型前缘也发生了更大范围的流动分离，并且前缘涡向下游运动时对翼型表面压力分布具有显著影响，导致推力系数大幅变化。当前缘涡运动至面向下游的吸力面附近时，会在吸力面形成低压区，导致阻力增大，推进效率降低。此外，振幅越大，扑翼经过平衡位置向下或向上运动时的攻角就越大，翼型压力面的压强越高，气动阻力越大，因此在图 6-26 中，当 $\theta_0 = 25°$，$t/T=0\sim$ 0.25 及 $t/T=0.5\sim0.75$ 时，扑翼的推力系数基本为负。

此外，增大振幅在大幅提高功率系数的同时将导致推进效率进一步降低。

6.3.4 非正弦振型对新型俯仰扑翼推进特性的影响

本节选取 6 种非正弦参数（$K = -0.97, -0.85, 0, 1, 1.5, 2$）研究非正弦振型对新型俯仰扑翼推进特性的影响，取俯仰轴位置 $R = c$，振幅 $\theta_0 = 10°$。

图 6-28 所示为 6 种振型下扑翼平均推力系数 C_{Tm}、平均功率系数 C_{Pm} 和推进效率 η 随缩减频率 k 的变化。由图可见，平均推力系数和平均功率系数均随频率的增加而迅速增大。当频率较小时，推进效率变化比较平缓，随着频率的增大，推进效率逐渐减小。此外，在一定的振荡频率下，当 $K < 0$ 时，增大非正弦参数 K 并不能显著提高推力，这是因为此时 K 对翼型俯仰速度的影响较小；而当 $K > 0$ 时，增大 K 值可显著提高扑翼的最大俯仰速度，从而大幅增加平均推力系数，不过平均功率系数增大得更多，功率消耗更大，所以推进效率反而降低。

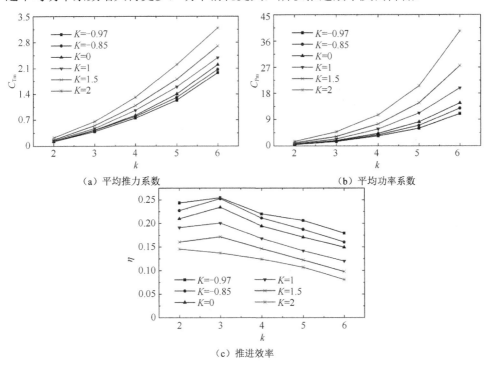

（a）平均推力系数   （b）平均功率系数

（c）推进效率

图 6-28 不同振型工况平均推力系数 C_{Tm}、平均功率系数 C_{Pm} 和
推进效率 η 随缩减频率 k 的变化（$\theta_0 = 10°$，$R = c$）

图 6-29 所示为 $R = c$，$\theta_0 = 10°$，$k = 3$ 时，不同振型工况（$k=0$，1，2）扑翼

周围流场各时刻的涡量云图。由图可见，不同振型工况的流场结构演变规律相似。当 $t/T = 0.25$ 时，翼型下冲程结束，在翼型下表面前缘已形成前缘涡并逐渐向下游发展，同时在翼型尾缘形成一逆时针尾缘涡；$t/T = 0.6$ 时刻，前缘涡脱离翼型进入尾流，与上一冲程中形成的尾缘涡形成反卡门涡街。

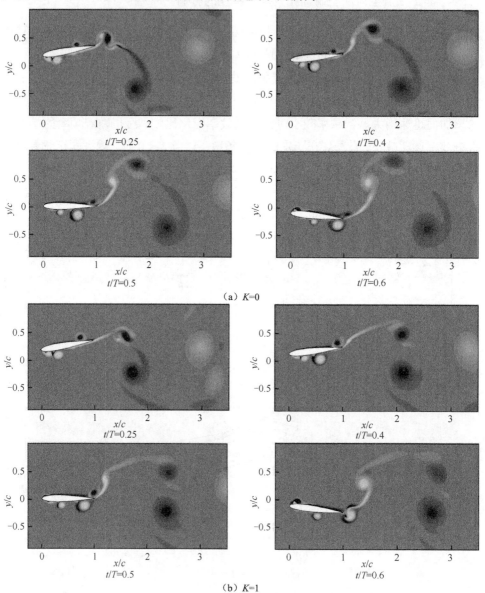

图 6-29　不同振型工况扑翼周围流场各时刻的涡量云图（$R=c$，$\theta_0 = 10°$，$k=3$）

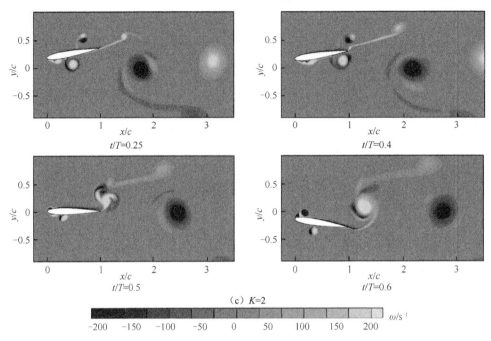

图 6-29 不同振型工况扑翼周围流场各时刻的涡量云图（$R=c$，$\theta_0=10°$，$k=3$）（续）

从图 6-29 中还可以发现，非正弦振型对涡结构的发展速度和强度具有显著影响。如 $K=0$（正弦振型）工况，在 $0.25T$ 时刻，前缘涡刚刚发展至翼型最大厚度附近，并形成低压区，这有助于提高推力系数；其后，前缘涡逐渐向下游运动，至 $0.6T$ 时刻运动到翼型尾缘附近，此时它与尾缘涡距离较大，不会合并，尾流结构比较复杂，扩散范围较大。$K=1$ 工况的前缘涡发展过程与此类似，而 $K=2$ 工况则有较大不同。由于前缘涡形成得更早，在 $0.25T$ 时刻就已经越过最大厚度位置，$0.4T$ 时刻运动至尾缘附近，并在 $0.5T$ 时刻与同方向旋转的尾缘涡结合，这将增强尾缘涡强度，有利于提高推力。此外，K 较大时，最大俯仰速度较大，尾缘产生的反卡门涡街强度更高，因此将产生更大推力。但是 K 越大，最大有效攻角也越大，翼型前缘的流动分离越严重，又将导致推进效率降低[187]。

由图 6-29 还可以观察到，非正弦振型不仅影响翼型前缘涡和尾缘反卡门涡街的强度，对涡的形成时刻也具有显著影响。当 $K \leqslant 0$ 时，增大 K 对翼型俯仰速度的影响较小，因此对流场结构的影响也很小。而当 $K>0$ 时，增大 K 将显著提高翼型在平衡位置附近的运动速度，并使翼型在较长时间内保持较大的攻角，因此前缘涡形成时间大幅提前，尾流中上排逆时针旋涡与下排顺时针旋涡之间的垂直距离也明显减小。

图 6-30 所示为 $R=c$，$\theta_0=10°$，$k=3$ 时，不同振型工况（$K=-0.85$，0，1，1.5）的推力系数 C_T 和功率系数 C_P 随时间的变化。由图可见，瞬时推力系数及功率系数均呈周期性变化，振型对两系数具有显著影响。当 K 增大时，翼型在平衡位置

附近的俯仰速度提高，尾流反卡门涡街更强，最大推力系数和功率系数均显著增大，而最小推力系数和功率系数受 K 的影响较小。可见，在一定频率及振幅下，平均推力系数 C_{Tm} 和平均功率系数 C_{Pm} 将随着 K 的增大而提高。此外，当 K 较大时，翼型将在较长时间内处于大攻角状态，翼型俯仰速度和推力系数都比较低，并且大俯仰速度出现的时间较短，因此推力系数的峰值区间较窄。当 $K \geqslant 0$ 时，推力系数峰值出现在 $0.4T \sim 0.5T$，此时翼型接近最大俯仰速度，攻角也逐渐减小；由于俯仰速度提高将使气动升力增大，功率系数峰值也出现在这一时间区间。而当 $K < 0$（$K = -0.85$）时，由于翼型俯仰速度增大得较快，尾缘涡更早产生，推力系数峰值出现较早。

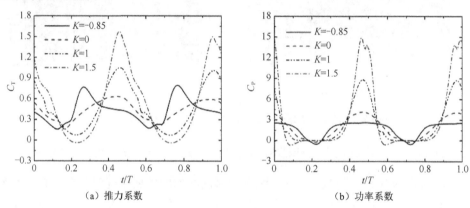

（a）推力系数　　　　　　　　（b）功率系数

图 6-30　不同振型工况的推力系数 C_T 和功率系数 C_P 随时间的变化（$R=c$，$\theta_0 = 10°$，$k=3$）

6.3.5　翼型形状对新型俯仰扑翼推进特性的影响

1. 翼型厚度的影响

本节选取 5 种不同厚度的 NACA 系列直翼型研究翼型厚度对推进特性的影响。翼型形状及几何参数如图 6-31 所示。

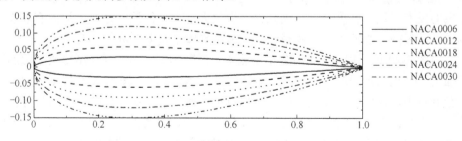

图 6-31　不同厚度 NACA 系列直翼型

图 6-32 给出了 $R=c$，$\theta_0 = 10°$ 时，平均推力系数 C_{Tm}、平均功率系数 C_{Pm} 和推进效率 η 随翼型厚度的变化关系曲线。由图可见，对于同一频率工况，随着翼型厚度的增加，平均推力系数及推进效率都是先增大后减小，其中，NACA0018 翼

型的平均推力系数和推进效率最大，说明该厚度翼型的推进性能最佳。高频工况下，翼型厚度对推进效果的影响更为显著。

此外，当厚度不变时，随着频率的增大，翼型的平均推力系数和平均功率系数均增大，推进效率则减小。

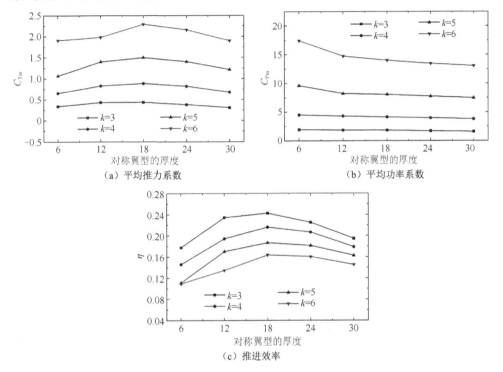

（a）平均推力系数　　　　　　　　　（b）平均功率系数

（c）推进效率

图 6-32　平均推力系数 C_{Tm}、平均功率系数 C_{Pm} 及推进效率 η
随翼型厚度的变化（$R=c$，$\theta_0 =10°$）

图 6-33 给出了 $R=c$，$\theta_0 =10°$，$k=3$ 时，不同厚度翼型的瞬时推力系数 C_T 和功率系数 C_P 变化曲线。由图可见，NACA0006 翼型（厚度最小）的推力系数曲线波动幅度最大。随着翼型厚度的增大，推力系数曲线波动幅度明显减小，直至 NACA0018 翼型，推力系数变化最为平缓，并且一直保持在较高值。当翼型厚度进一步增加时，瞬时推力系数全面降低（如翼型 NACA0024、NACA0030），曲线的波动幅度再次增大。同时，翼型厚度越大，最大推力系数出现得越迟。

与推力系数曲线相比，功率系数曲线受翼型厚度的影响较小。不同厚度翼型的最小功率系数基本相同，而最大功率系数则在 $0.5T$ 和 T 附近存在差异，此时，翼型经过平衡位置且运动速度最大。不过与推力系数相比，功率系数的差别仍然较小。

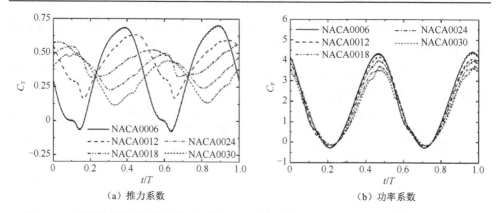

（a）推力系数　　　　　　　　　　（b）功率系数

图 6-33　不同厚度翼型的瞬时推力系数 C_T 和功率系数 C_P 的变化（$R=c$，$\theta_0 = 10°$，$k=3$）

图 6-34 为 $R=c$，$\theta_0 = 10°$，$k=3$ 时，不同时刻 3 种翼型周围流场的涡量云图。从图中可以看到，在 $0.25T$ 时刻，翼型俯仰运动下冲程结束，俯仰攻角为最小值 $-10°$，沉浮位移达到最大，此时在翼型下表面前缘已经形成了较大尺寸的前缘涡，

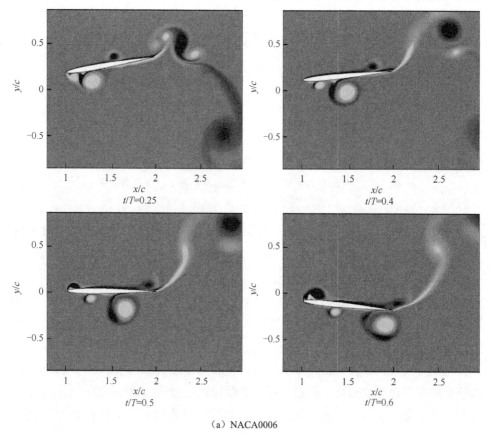

（a）NACA0006

图 6-34　不同时刻、不同厚度翼型周围流场的涡量云图演变（$R=c$，$\theta_0 = 10°$，$k=3$）

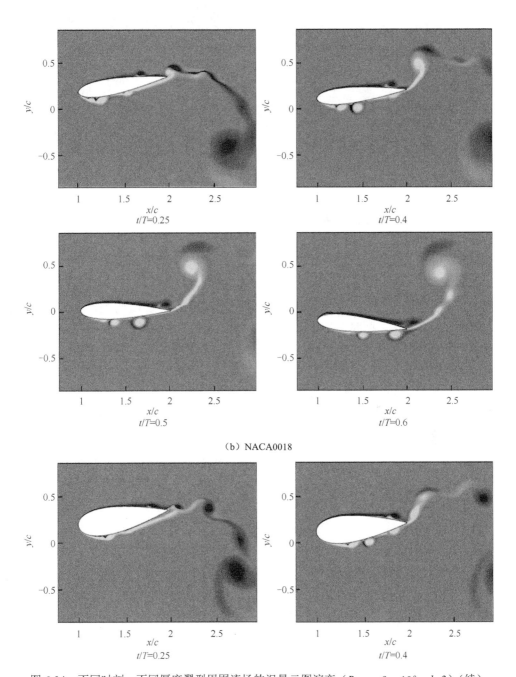

（b）NACA0018

图 6-34　不同时刻、不同厚度翼型周围流场的涡量云图演变（$R=c$，$\theta_0 =10°$，$k=3$）（续）

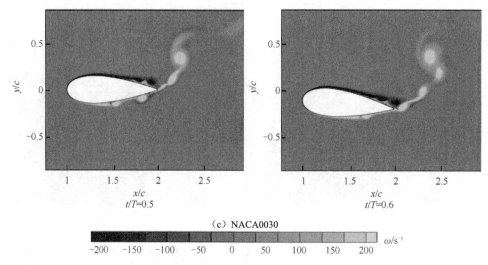

(c) NACA0030

图 6-34 不同时刻、不同厚度翼型周围流场的涡量云图演变（$R=c$，$\theta_0 = 10°$，$k=3$）（续）

随着翼型开始上冲程运动，前缘涡将向下游移动；到 $0.4T$ 时刻，前缘涡运动至翼型中间弦长位置，而翼型尾缘处则开始形成反卡门涡街；$0.5T$ 时刻，翼型达到最大俯仰和沉浮速度，此时俯仰攻角为 $0°$，沉浮诱导攻角达到最大，翼型上表面前缘开始形成前缘涡；到 $0.6T$ 时刻，翼型下表面前缘涡运动至尾缘，并在上冲程结束时进入尾流。

由图 6-34 还可以发现，翼型厚度对前缘涡的结构和强度影响显著。NACA0006 翼型较薄，前缘更加尖锐，因此在振荡中更容易形成前缘涡。相同攻角下，NACA0006 翼型下表面的前缘流动分离区尺寸较 NACA0018 和 NACA0030 等厚翼型更大，大尺寸前缘涡在向下游的运动过程中使翼型表面压力分布不断变化，导致推力系数大幅波动（图 6-33）。由于 NACA0006 翼型前缘面积较小，当前缘发生流动分离时，低压区尺寸较小，产生的推力就小；而厚度较大的 NACA0012 和 NACA0018 翼型，其前缘低压区尺寸相对较大，因此可产生比较高的推力，这与 Ashraf 等[188]的研究结论一致。但当翼型厚度进一步增大时（如 NACA0030 翼型），翼型前缘未发生流动分离，该处压力较高，推力系数反而降低（图 6-33）。此外，翼型厚度对功率系数的影响很小，而采用最佳翼型厚度可以同时提高推力系数和推进效率。

2. 翼型弯度的影响

本节选取 NACA2612、NACA4312 及 NACA4612 共 3 种弯翼型研究翼型弯度对新型俯仰振型推进性能的影响，3 种翼型的厚度与 NACA0012 翼型相同，均为 $0.12c$。各翼型弯度和最大弯度位置见表 6-3。

表6-3 3种翼型的相对弯度和最大弯度位置

翼型	相对弯度/%	最大弯度位置到前缘的距离
NACA2612	2	0.6c
NACA4312	4	0.3c
NACA4612	4	0.6c

图 6-35 所示为 $R=c$，$\theta_0 = 10°$ 时，3 种翼型的平均推力系数 C_{Tm}、功率系数 C_{Pm} 和推进效率 η 随缩减频率 k 的变化曲线。由图可见，不同翼型的平均推力系数、平均功率系数和推进效率曲线基本重合，可知翼型弯度对采用新型俯仰振型的扑翼推进效果影响较小。

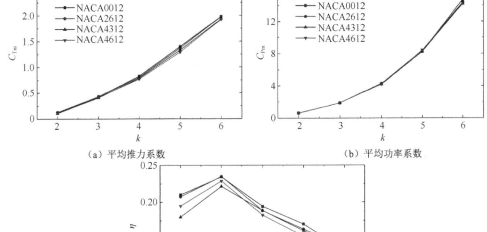

（a）平均推力系数　　　　　　　　　　（b）平均功率系数

（c）推进效率

图 6-35 不同弯度翼型平均推力系数 C_{Tm}、平均功率系数 C_{Pm} 和推进效率 η 随缩减频率 k 的变化（$R=c$，$\theta_0 = 10°$）

图 6-36 所示为 $R=c$，$\theta_0 = 10°$，$k=3$ 时，瞬时推力系数 C_T 和功率系数 C_P 在一个周期内的变化曲线。由图可见，翼型弯度对瞬时推力系数影响较大。相比直翼型，在 0.2T 时刻附近，弯翼型的推力系数大幅降低，而在 0.7T 时刻附近，推力系数又大幅提升；并且上冲程和下冲程中产生的推力也不相同，弯翼型在上冲程中产生的推力增大，在下冲程中产生的推力减小。这主要是因为弯翼型的上表面厚度增大，下表面厚度减小，翼型表面的压力分布与直翼型存在较大差别。

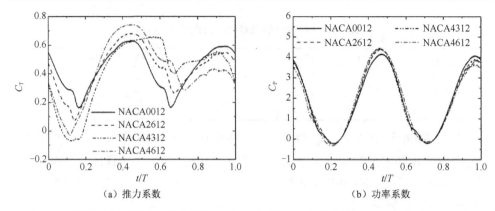

（a）推力系数　　　　　　　　　　　　（b）功率系数

图 6-36　不同弯度翼型瞬时推力系数 C_T 和功率系数 C_P 变化曲线（$R=c$，$\theta_0=10°$，$k=3$）

图 6-37 给出了 $t/T=0.2$ 时翼型表面的压力系数分布。与直翼型相比，弯翼型的上表面压力系数降低，下表面在大部分区域内压力系数升高。总体而言，弯翼型的平均推力系数与直翼型基本相同。

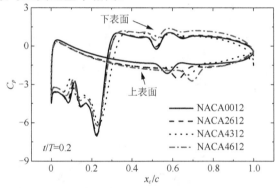

图 6-37　翼型表面压力系数分布（$R=c$，$\theta_0=10°$，$k=3$）

6.4　振荡扑翼能量采集特性研究

自然界中，鸟类和海洋生物能够通过控制翅膀或鳍的运动来采集流场能量。受此启发，McKinney 和 DeLaurier[85]提出了利用沉浮俯仰耦合扑翼实现能量采集的概念，近年来得到了众多学者的广泛关注。扑翼能量采集装置可以有效实现风能、洋流能的采集，空间和地域适应性强，还可以消除叶轮旋转及噪声对环境产生的负面影响。研究扑翼能量采集特性对于新型发电装备的开发以及风能、洋流能等清洁能源的利用具有重要意义。

6.4.1　扑翼能量采集振型

本节采用沉浮俯仰耦合振型研究扑翼的能量采集特性。俯仰振荡选用正弦和非正弦振型，如式（6-14）所示：

$$\begin{cases} \alpha(t) = \dfrac{\theta_0 \arcsin\left[-K_\theta \sin\left(2\pi f t + \varphi\right)\right]}{\arcsin\left(-K_\theta\right)}, & -1 \leqslant K_\theta < 0 \\ \alpha(t) = \theta_0 \sin\left(2\pi f t + \varphi\right), & K_\theta = 0 \\ \alpha(t) = \dfrac{\theta_0 \tanh\left[K_\theta \sin\left(2\pi f t + \varphi\right)\right]}{\tanh K_\theta}, & K_\theta > 0 \end{cases} \quad （6\text{-}14）$$

式中，θ_0 为俯仰幅度；f 为振荡频率；φ 为俯仰和沉浮运动相位差，选择 $\varphi =$ 90°[82, 84, 189]。扑翼俯仰中心到翼型前缘的距离对能量采集效果影响较大，为了使能量采集效果达到最佳[82]，取该距离为 1/3 弦长。

沉浮振荡选用正弦和非正弦振型，表达式为

$$\begin{cases} h(t) = \dfrac{H_0 C \arcsin\left[-K_h \sin\left(2\pi f t\right)\right]}{\arcsin\left(-K_h\right)}, & -1 \leqslant K_h < 0 \\ h(t) = H_0 C \sin\left(2\pi f t\right), & K_h = 0 \\ h(t) = \dfrac{H_0 C \tanh\left[K_h \sin\left(2\pi f t\right)\right]}{\tanh K_h}, & K_h > 0 \end{cases} \quad （6\text{-}15）$$

通过改变参数 $K\left(K_\theta, K_h\right)$，可以将振型曲线由锯齿波（$K = -1$）逐渐改变为方波（$K \to \infty$）。不同 K 值下俯仰攻角和沉浮位移随时间的变化可参考图 6-2。

有效攻角 α_e 是衡量扑翼沉浮振荡和俯仰振荡综合作用的关键参数，定义为

$$\alpha_e = -\arctan\left(\frac{V_y\left(t\right)}{U_\infty}\right) + \alpha\left(t\right) \quad （6\text{-}16）$$

式中，V_y 为翼型沉浮速度；U_∞ 为远场来流速度。

为了便于研究，引入新参数名义攻角 α_0[84]，定义为扑翼振荡过程中的最大有效攻角，其表达式如下：

$$\alpha_0 = -\arctan\left(\frac{2\pi f H_0 C}{U_\infty}\right) + \theta_0 \quad （6\text{-}17）$$

在扑翼进行沉浮俯仰耦合振荡的过程中，当 $\alpha_0 < 0$ 时，扑翼运行在推进模式下，升力方向与沉浮速度方向相反，产生功率消耗；当 $\alpha_0 > 0$ 时，升力方向与沉浮速度方向相同，扑翼实现能量采集，产生阻力；当 $\alpha_0 = 0$ 时，扑翼运行于推进和能量采集模式间的临界状态，几乎不产生推力，也不采集能量。

6.4.2 扑翼能量采集功率和效率

瞬时能量采集功率 P 为沉浮运动能量采集功率 $P_h\left(t\right)$ 和俯仰运动能量采集功率 $P_\theta\left(t\right)$ 之和：

$$P = P_h(t) + P_\theta(t) = F_y(t)V_y(t) + M(t)\omega(t) \tag{6-18}$$

式中，$F_y(t)$ 为扑翼所受 y 方向的升力；$M(t)$ 为扑翼所受绕俯仰轴的扭矩。

定义能量采集功率系数为

$$C_P = \frac{P}{\dfrac{1}{2}\rho U_\infty^3 C} \tag{6-19}$$

则平均功率系数 C_{Pm} 为瞬时功率系数 C_P 在一个振荡周期内的积分：

$$C_{Pm} = C_{Phm} + C_{P\theta m} = \frac{1}{TU_\infty}\int_0^T \left[C_l(t)V_y(t) + C_m(t)\omega(t) \right]\mathrm{d}t \tag{6-20}$$

式中，T 为翼型振荡周期；$C_l(t)$ 和 $C_m(t)$ 分别为瞬时升力系数和瞬时扭矩系数，定义如下：

$$C_l(t) = Y(t)\bigg/\left(\frac{1}{2}\rho U_\infty^2 C\right) \tag{6-21}$$

$$C_m(t) = M(t)\bigg/\left(\frac{1}{2}\rho U_\infty^2 C^2\right) \tag{6-22}$$

能量采集效率定义为能量采集量与振荡扑翼扫过的流域面积内的来流能量之比：

$$\eta = P_m\bigg/\left(\frac{1}{2}\rho U_\infty^3 A\right) = C_{Pm}\frac{C}{A} \tag{6-23}$$

式中，A 为振荡扑翼在垂直方向扫过的面积，$A = 2H_0 C$ [84]。

振荡扑翼能量采集的数值研究方法与 6.3 节中扑翼推进特性的研究方法相同，此处不再赘述。经由网格无关性及时间步无关性验证，取网格数为 9.6×10^4、每周期计算步为 1200 步，即可保证计算结果的准确性。

6.4.3　名义攻角对扑翼能量采集效果的影响

只有名义攻角（即最大有效攻角）$\alpha_0 > 0$，才能实现能量采集，其对振荡扑翼的能量采集效果具有显著影响[82]。为了方便研究，固定扑翼的沉浮振幅 $H_0 = 0.8$，通过在一定的振荡频率下改变俯仰振幅来获得不同的名义攻角。

图 6-38 所示为缩减频率 $k = 0.8$、1 和 1.2 共 3 种工况下，平均功率系数 C_{Pm}、能量采集效率 η 随名义攻角 α_0 的变化曲线。由图可见，当 α_0 接近于零时，3 种工况的能量采集量和采集效率都接近于零；随着名义攻角的增大，能量采集量和采集效率逐渐增大，在较大的名义攻角下，单个振荡扑翼的能量采集效率可高达 42%。此外，3 种频率工况的曲线比较接近，表明当名义攻角相同时，频率的变化对能量采集量及采集效率的影响较小。

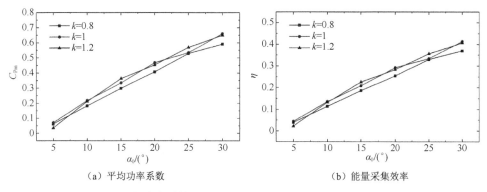

（a）平均功率系数 （b）能量采集效率

图 6-38 平均功率系数 C_{Pm} 和能量采集效率 η 随名义攻角 α_0 的变化

图 6-39 给出了平均沉浮诱导功率系数 C_{Phm} 和平均俯仰诱导功率系数 $C_{P\theta m}$ 随名义攻角 α_0 的变化曲线。从图中可以看出，在本节的研究范围内，C_{Phm} 均为正值，$C_{P\theta m}$ 均为负值，说明俯仰振型会引发能量消耗，能量采集通过沉浮运动实现，且随着名义攻角 α_0 的增大，沉浮诱导功率系数 C_{Phm} 逐渐增大。而当 α_0 不变时，由于翼型升力系数的变化趋势基本相同，升力峰值差异较小，并且频率 k 越大，扑翼的沉浮速度越大，瞬时功率系数越高，沉浮运动的能量采集量增大，因此 C_{Phm} 也就越大。俯仰诱导功率系数的变化则有所不同，从图中可以看出，随着 α_0 的增大，$C_{P\theta m}$ 逐渐减小；而当 α_0 相同时，$C_{P\theta m}$ 则随着频率 k 的增大显著降低，这是因为增大 α_0 和 k 都会使扑翼俯仰振荡速度增大，从而导致俯仰运动的能量消耗增多。

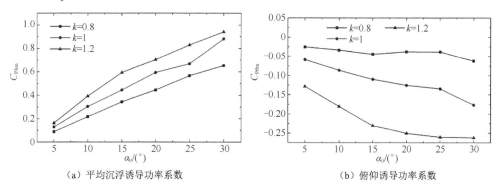

（a）平均沉浮诱导功率系数 （b）俯仰诱导功率系数

图 6-39 平均沉浮诱导功率系数 C_{Phm} 和俯仰诱导功率系数 $C_{P\theta m}$ 随名义攻角 α_0 的变化

图 6-40 所示为缩减频率 $k=1$，$\alpha_0=5°$，$15°$ 及 $25°$ 时，瞬时功率系数 C_P 和沉浮诱导功率系数 C_{Ph} 在一个周期内的变化曲线。由图可见，两个功率系数都呈周期性变化，变化趋势基本相同，峰值和谷值也比较接近。功率系数的峰值出现在翼型经过平衡位置附近的时刻，此时扑翼沉浮速度达到最大；功率系数的谷值则出现在扑翼上冲程或下冲程末期，此时扑翼沉浮速度趋近于零，俯仰速度较大，产生较高的能量消耗。从图中还可以看出，随着 α_0 的增加，功率系数的峰值显著

增大，谷值则变化较小，因而平均功率系数随着 α_0 的增加而增大。

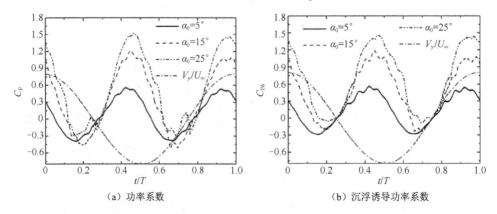

（a）功率系数 （b）沉浮诱导功率系数

图 6-40 不同 α_0 工况的瞬时功率系数 C_P 和瞬时沉浮诱导功率系数 C_{Ph} 随时间的变化（$k=1$）

进行能量采集主要是利用扑翼的沉浮运动以及所形成的气动升力，下面分析扑翼气动升力的演变过程。图 6-41 给出了缩减频率 $k=1$，名义攻角 $\alpha_0=5°$、$15°$ 及 $25°$ 时，升力系数 C_l 在一个时间周期内的变化曲线。由图可见，升力系数随着翼型的振荡呈周期性变化，升力峰值出现在翼型由最小位移处向平衡位置运动的期间，谷值则出现在翼型由最大位移处向平衡位置运动的期间。当名义攻角 α_0 增大时，升力系数峰值大幅提高，谷值大幅降低，升力系数和沉浮速度变化的同步性增强，瞬时功率系数显著增加，因此平均功率系数也随之增大。

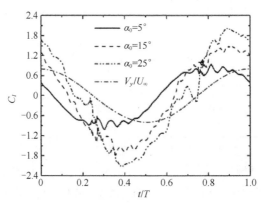

图 6-41 不同名义攻角下的升力系数 C_l 在一个周期内的变化（$k=1$）

图 6-42 给出了 3 种不同频率及名义攻角工况的流场涡结构演变。由图可见，不同工况下流场结构的发展过程相似，都是在 $t=0$ 时刻附近形成前缘涡，随着扑翼向上运动，前缘涡不断向下游发展，尺寸逐渐增大，直至扑翼开始进行下冲程运动时，流动在扑翼前缘发生再附，前缘涡运动至尾缘附近。从图中还可以看出，对于同一名义攻角，翼型前缘涡形成的时刻和尺寸基本相同，随着名义攻角增大，

前缘涡形成时间提前，扑翼前缘流动分离更加严重，前缘涡尺寸和强度逐渐增大。此外，在相同时刻，振荡频率较高的扑翼前缘涡向下游发展的距离较短，这是因为频率高意味着扑翼由 0 时刻运动至 t 时刻所经历的时间更短，而前缘涡向下游发展的速度则由主流速度决定，与扑翼振荡频率基本无关。

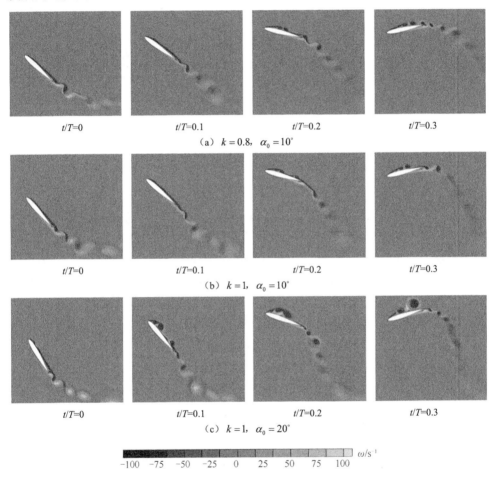

$t/T=0$ $\qquad$ $t/T=0.1$ $\qquad$ $t/T=0.2$ $\qquad$ $t/T=0.3$

（a）$k=0.8$，$\alpha_0=10°$

$t/T=0$ $\qquad$ $t/T=0.1$ $\qquad$ $t/T=0.2$ $\qquad$ $t/T=0.3$

（b）$k=1$，$\alpha_0=10°$

$t/T=0$ $\qquad$ $t/T=0.1$ $\qquad$ $t/T=0.2$ $\qquad$ $t/T=0.3$

（c）$k=1$，$\alpha_0=20°$

图 6-42 不同频率及名义攻角工况的流场涡结构演变

扑翼周围流场结构的发展对其表面压力分布具有显著影响。图 6-43 给出了缩减频率 $k=1$，$t=0$ 和 $0.1T$ 时刻，4 种名义攻角工况翼型表面的压力系数分布。从图中可以看出，当 $t=0$ 时，随着名义攻角 α_0 的增大，翼型上表面（吸力面）前缘的压力系数降低，低压区面积更大，下表面（压力面）压力系数增大，因此气动升力增大。而当 $t=0.1T$ 时，翼型上表面前缘涡进一步向尾缘扩展，低压区也向下游发展且尺寸更大。由于翼型吸力面低压区对应于前缘流动分离区，当 α_0 较大时，前缘涡形成得更早，压力系数大幅降低，因而更早地提高了气动升力，增强了升力与沉浮速度变化的同步性，提升了瞬时功率系数。

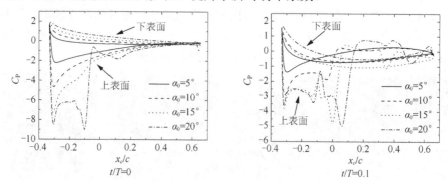

图 6-43　不同时刻、不同名义攻角工况扑翼表面压力系数分布（$k=1$）

6.4.4　有效攻角变化模式对扑翼能量采集效果的影响

Hover 等[80]研究了有效攻角的变化模式对扑翼气动特性的影响，发现采用以余弦模式变化的有效攻角可以大幅提高扑翼的推进特性。Xiao 和 Liao[190]的研究也发现，当振荡频率较高且有效攻角以余弦模式变化时，翼型尾缘将产生更强的反卡门涡街，可以大幅提高沉浮俯仰扑翼的推力系数和推进效率。受此启发，本节研究了不同有效攻角变化模式对扑翼能量采集效果的影响。为了与其他振型的能量采集效果进行对比，取名义攻角为 15°。式（6-24）为有效攻角振型的表达式，通过改变参数 K_e 可以实现不同的有效攻角变化模式：

$$\begin{cases} \alpha_e(t) = \dfrac{\alpha_0 \arcsin\left[-K_e \sin\left(2\pi f t + \varphi\right)\right]}{\arcsin\left(-K_e\right)}, & -1 \leqslant K_e < 0 \\[2mm] \alpha_e(t) = \alpha_0 \sin\left(2\pi f t + \varphi\right), & K_e = 0 \\[2mm] \alpha_e(t) = \dfrac{\alpha_0 \tanh\left[K_e \sin\left(2\pi f t + \varphi\right)\right]}{\tanh K_e}, & K_e > 0 \end{cases} \quad (6\text{-}24)$$

参考 Kinsey 和 Dumas[82]以及 Xiao 等[84]的研究，本节选取俯仰和沉浮运动相位差 $\varphi = 90°$，沉浮运动采用正弦振型，通过改变俯仰振型来实现 $K_e = -0.85$，0，1，1.6，2.5 时不同有效攻角的变化模式（图 6-44），俯仰振型表达式为

$$\alpha(t) = \alpha_e + \arctan\left[V_y(t)/U_\infty\right] \quad (6\text{-}25)$$

图 6-45 所示为平均功率系数 C_{Pm} 和能量采集效率 η 随缩减频率 k 的变化曲线，展示了不同有效攻角振型对平均功率系数及能量采集效率的影响。由图可见，随着缩减频率的增大，不同有效攻角振型下的 C_{Pm} 变化趋势基本相同，都是先增大后减小，每个工况都存在一个最优频率，在此频率下能量采集的功率最大，这一结论与 Kinsey 和 Dumas[82]的研究结果吻合。从图中还可以看到，有效攻角的变化

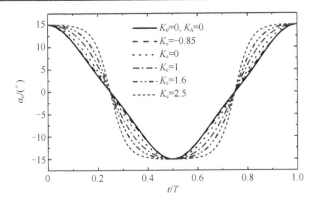

图 6-44 不同振型下有效攻角 α_e 在一个周期内的变化（$k=0.8$）

模式对扑翼能量采集效果具有显著影响。首先相比正弦振型，采用非正弦有效攻角振型，可在一定频率范围内大幅提高功率系数。其次在各个非正弦振型中，当 $K_e=0$ 和 1 时，可以在最大频率范围内增加功率；若 K_e 继续增大，由于扑翼在高频俯仰振荡中消耗的能量越来越多，功率只能在频率较低时才显著增加，在频率较高时则将迅速降低。效率随频率的变化规律与功率系数基本相同。总的来说，在本节计算参数范围内，应用非正弦有效攻角振型可以使功率和效率最大提高 20.3%。

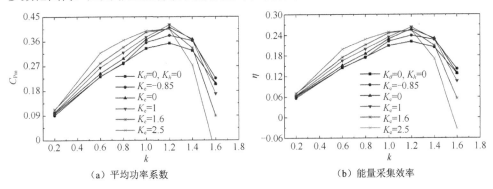

（a）平均功率系数　　　　　　　　　　　（b）能量采集效率

图 6-45 不同有效攻角振型下平均功率系数 C_{Pm} 和能量采集效率 η 随缩减频率的变化

图 6-46 所示为不同有效攻角振型下，沉浮诱导平均功率系数 C_{Phm} 和俯仰诱导平均功率系数 $C_{P\theta m}$ 随缩减频率 k 的变化曲线。由图可见，在本节研究参数范围内，沉浮诱导平均功率系数 C_{Phm} 均为正值，即沉浮运动都可实现能量采集。同时，随着频率的增加，C_{Phm} 显著增大，这是因为本节所有工况的最大有效攻角 α_0 都取为 15°，扑翼表面流动分离区尺寸和气动升力接近，而扑翼沉浮速度随频率的增加而增大，因此 C_{Phm} 随之增大。从图中还可以看出，当频率较低时，各工况的 C_{Phm} 基本没有差别，随着振荡频率的增大，不同有效攻角振型对 C_{Phm} 的作用逐渐明显，K_e 越大，有效攻角越大，扑翼的气动升力提高，当频率提高时，扑翼的沉浮速度增大，因此 C_{Phm} 的变化也越发明显。

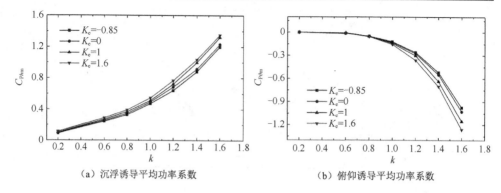

（a）沉浮诱导平均功率系数　　　　　　　　（b）俯仰诱导平均功率系数

图 6-46　不同有效攻角振型下沉浮、俯仰诱导平均功率系数 C_{Phm}、$C_{P\theta m}$ 随缩减频率 k 的变化

　　由俯仰诱导平均功率系数 $C_{P\theta m}$ 曲线 [图 6-46（b）] 可以发现，当频率较低时，$C_{P\theta m}$ 接近于 0，且变化较为平缓。而当 $k \geqslant 0.8$ 后，随着频率的增大，扑翼在靠近最大位移时的高速俯仰过程中消耗了大量功率[84]，因此 $C_{P\theta m}$ 迅速减小。此外，在一定频率下，增大 K_e 将使扑翼在最大位移附近的俯仰速度增大，这会消耗更多能量，因而 $C_{P\theta m}$ 逐渐减小。

　　为了进一步研究有效攻角振型对扑翼能量采集效果的影响，下面分析瞬时功率系数 C_P、沉浮诱导功率系数 C_{Ph} 及升力系数 C_l 的变化规律。图 6-47 所示为不同有效攻角振型工况下，C_P 和 C_{Ph} 在一个时间周期内的变化曲线，对应的升力系数变化曲线见图 6-48。由图可见，提高 K_e 可使气动升力与沉浮速度变化趋势的吻合程度更高，有利于增大功率输出。此外，提高 K_e 还会增大 $V_y > 0$ 时的气动升力，以及 $V_y < 0$ 时的负方向气动升力，因而使瞬时功率系数 C_{Ph}、C_P 及平均功率系数都相应增大。

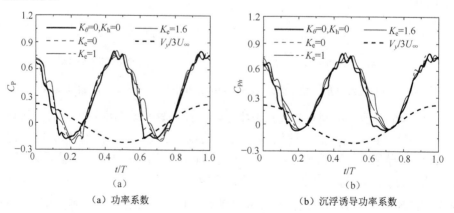

（a）功率系数　　　　　　　　　　　（b）沉浮诱导功率系数

图 6-47　不同有效攻角振型下瞬时功率系数 C_P 和沉浮诱导功率系数 C_{Ph} 随时间的变化（$k = 0.8$）

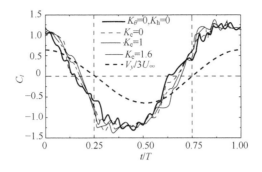

图 6-48 不同有效攻角振型下升力系数 C_l 随时间的变化（$k = 0.8$）

图 6-49 展示了 3 种不同的有效攻角振型下，翼型上半个振荡周期内的流场涡量云图。由图可见，在 $t = 0$ 时刻产生前缘涡，随后前缘涡及对应的低压区沿翼型表面向尾缘移动，在 $0.125T$ 时刻，前缘涡移动至翼型中间弦长附近，到 $0.25T$ 时刻，前缘流动分离基本覆盖翼型上表面，达到最大强度。在接下来的扑翼下冲程运动过程中，翼型上表面分离涡继续向下游运动，并逐渐脱离翼型表面，而翼型上表面前缘流动则发生再附。随着有效攻角的绝对值不断增大，翼型下表面流动约在 $0.5T$ 时刻再次发生分离，且分离涡尺寸和强度与 $t = 0$ 时刻相同。由此可知，非正弦振型影响流场结构的原因是振型影响了瞬时有效攻角。从图中还可以看出，同一时刻，随着 K_e 的增加，有效攻角的绝对值增大，因此当 K_e 较大时，翼型前缘流动更容易发生分离。

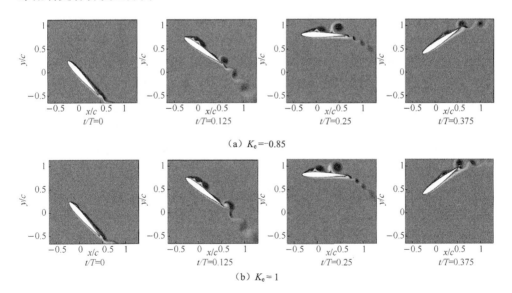

图 6-49 不同 K_e 工况的流场涡量云图演变（$k = 0.8$）

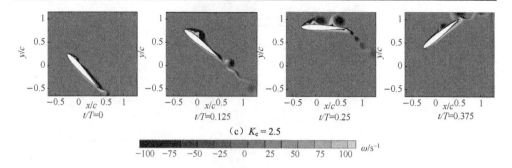

$$\text{(c) } K_e = 2.5$$

图 6-49　不同 K_e 工况的流场涡量云图演变（$k = 0.8$）（续）

从图 6-49 中还可以看出，K_e 越大，前缘涡出现得越早。例如，$t = 0$ 时刻，当 $K_e = -0.85$ 时，前缘涡还未出现，而 K_e 增大到 1 时，则出现了小尺寸前缘涡，继续增大 K_e 到 2.5，则出现了大尺寸前缘涡。在 $t = 0.5T$ 时刻也可以观察到这种情况。前缘涡更早产生且尺寸更大，有助于提高翼型升力与沉浮速度变化的同步性（图 6-48），这样就可以产生更大的功率[82]。此外，K_e 增大将使前缘涡强度增强，在翼型前缘吸力面形成更大范围的低压区，并产生更高的升力，而 K_e 对翼型沉浮速度的大小没有影响，所以增大 K_e 有助于获得更高的功率。

6.4.5　非正弦俯仰振型对扑翼能量采集效果的影响

本节选取 $K_\theta = -0.98$，-0.85，0，1，1.6，2.5 共 6 种俯仰振型参数研究非正弦俯仰振型对扑翼能量采集效果的影响，沉浮运动使用正弦振型。

图 6-50 所示为不同非正弦俯仰振型工况的平均功率系数 C_{Pm} 和能量采集效率 η 随缩减频率 k 的变化曲线。由图可见，K_θ 对功率系数的影响与 K_e 相似：随着频率的增大，平均功率系数先增大后减小，并且每个 K_θ 工况均存在一个最佳频率，该频率下的能量采集功率最大。当 $K_\theta < 0$ 时，增大 K_θ 总是有助于提高功率系数；而当 $K_\theta > 0$ 时，应用非正弦俯仰振型则只能在一定频率范围内使功率系数显著提高，若振荡频率和 K_θ 都较大，则功率系数将大幅降低。在本书的频率范围内，$K_\theta = 1$ 工况的平均功率系数均大于或近似等于正弦振型；而 $K_\theta = 1.6$ 时，只在缩减频率 k 处于 $0.2 \sim 1.2$ 时可以实现较好的能量采集效果；当 K_θ 进一步增大至 2.5 时，该频率范围减小为 $k = 0.2 \sim 1$。能量采集效率的变化规律与此类似。总的来说，采用正弦俯仰振型时，最大平均功率系数和能量采集效率出现在 $k = 1.2$ 工况；而采用非正弦俯仰振型时，最大平均功率系数和能量采集效率则出现在 $k = 0.8$ 和 $K_\theta = 2.5$ 工况。由此可知，采用非正弦俯仰振型能够使最大平均功率系数和能量采集效率提高 31%。

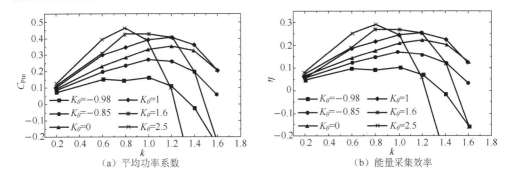

（a）平均功率系数

（b）能量采集效率

图 6-50 不同俯仰振型下平均功率系数 C_{Pm} 和能量采集效率 η 随缩减频率 k 的变化

图 6-51 所示为 $k = 0.8$ 时，$K_\theta = 0$，1.6 工况的瞬时功率系数 C_P、沉浮诱导功率系数 C_{Ph} 及俯仰诱导功率系数 $C_{P\theta}$ 在一个时间周期内的变化曲线。由图可见，在整个周期内瞬时功率系数 C_P 和沉浮诱导功率系数 C_{Ph} 基本为正，由此可推知平均功率系数 C_{Pm} 和平均沉浮诱导功率系数 C_{Phm} 也为正；而瞬时俯仰诱导功率系数 $C_{P\theta}$ 基本为负，所以平均俯仰诱导功率系数 $C_{P\theta m}$ 则为负，这表明能量采集主要通过扑翼的沉浮振荡来实现，这一结论可由图 6-52 证实。对比图 6-51（a）和（b）可以发现，K_θ 对最大功率系数 C_P 和最大沉浮诱导功率系数 C_{Ph} 几乎没有影响，但是 K_θ 越大，C_P 和 C_{Ph} 保持在较大值的时间区间明显加宽，保持在较小值的时间区间则大幅缩小，因此增大 K_θ 可有效改善能量采集效果。

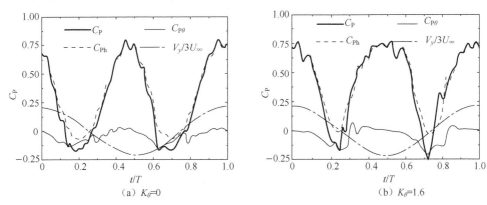

（a）$K_\theta = 0$

（b）$K_\theta = 1.6$

图 6-51 瞬时功率系数 C_P、沉浮诱导功率系数 C_{Ph} 和俯仰诱导功率
系数 $C_{P\theta}$ 随时间的变化（$k = 0.8$）

图 6-52 给出了最大有效攻角 $\alpha_0 = 15°$ 时，不同振型工况平均沉浮诱导功率系数 C_{Phm} 和俯仰诱导平均功率系数 $C_{P\theta m}$ 随缩减频率 k 的变化曲线。由图可见，在本节所研究的频率范围内，C_{Phm} 均为正，$C_{P\theta m}$ 均为负，与图 6-51 中的分析结论一致，说明扑翼能量采集主要通过沉浮运动实现。从图中还可以看出，随着 k 的增加，C_{Phm} 显著增大，这是因为当振型一定时，虽然翼型表面流动分离区尺寸和气动升

力相近，但翼型沉浮速度随频率的增加而增大，因此沉浮诱导平均功率系数 $C_{\mathrm{P}hm}$ 增大。而当振型参数 K_θ 增大时，翼型振荡过程中有效攻角增大，气动升力提高，$C_{\mathrm{P}hm}$ 逐渐增大；对于频率较大的工况，由于翼型沉浮速度较大，$C_{\mathrm{P}hm}$ 的增幅也较大。

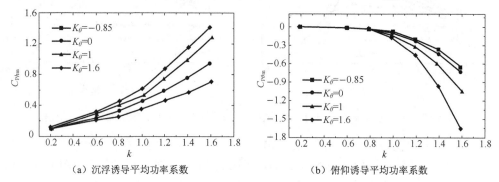

（a）沉浮诱导平均功率系数　　　　　　　　（b）俯仰诱导平均功率系数

图 6-52　不同振型下沉浮诱导和俯仰诱导平均功率系数 $C_{\mathrm{P}hm}$、$C_{\mathrm{P}\theta m}$ 随缩减频率 k 的变化

由俯仰诱导平均功率系数曲线［图 6-52（b）］可知，当频率较小时，$C_{\mathrm{P}\theta m}$ 接近于 0，而当 $k \geqslant 0.8$ 时，随着 k 的增大，$C_{\mathrm{P}\theta m}$ 迅速降低，这是因为增大扑翼的振荡频率，会提高翼型在靠近最大沉浮位移时的俯仰速度，因而在扑翼高速俯仰过程中消耗了大量功率[84]，导致 $C_{\mathrm{P}\theta m}$ 降低。而当频率一定时，增大 K_θ 也会使翼型在最大位移附近的俯仰速度增大，所以 $C_{\mathrm{P}\theta m}$ 降低，并且频率越高，$C_{\mathrm{P}\theta m}$ 的降低幅度越大，这将导致总功率输出显著降低。

扑翼的能量采集主要利用沉浮运动及产生的气动升力。图 6-53 为一个振荡周期内翼型升力系数 C_l 和沉浮速度 V_y 的变化曲线。图中显示升力系数存在小幅波动，这主要是由前缘涡向下游运动引起翼型表面压力波动所致。当升力和沉浮速度方向相同时，扑翼沉浮运动实现能量采集，反之则产生能量消耗。从图中可以看出，随着 K_θ 的增大，升力与沉浮速度变化的同步性增加，因此扑翼振荡过程中，可在更长时间内实现能量采集。此外，随着 K_θ 的增大，升力系数的最大正值增大，最小负值减小，这有利于实现更多的能量采集。

图 6-54 所示为 $k = 0.8$ 时，不同时刻 $K_\theta = 0$，1.6 及 2.5 工况的流场涡量云图。由图可见，在 $t = 0$ 时刻，当 $K_\theta = 0$ 时，前缘涡刚开始形成；而当 $K_\theta = 1.6$ 时，前缘涡已经形成；至 $K_\theta = 2.5$ 时，前缘涡已经发展为更大范围的涡旋，并运动至翼型中间弦长位置。其他时刻，涡结构发展受振型的影响与此类似。随着 K_θ 的增大，翼型上表面（吸力面）流动分离区显著增大，由此形成的低压区面积也随之增大，而下表面（压力面）大部分区域的压力系数大幅提升，因此翼型上下表面压差增大，升力提高。此外，相同时刻，随着 K_θ 的增大，有效攻角绝对值增大，翼型前缘流动更容易发生分离，而前缘涡的发展有利于升力系数和沉浮速度间具有更好的同步性，这都有助于能量采集。

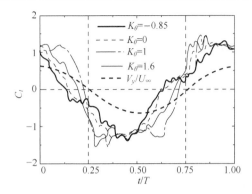

图 6-53　不同振型下升力系数随时间的变化（$k = 0.8$）

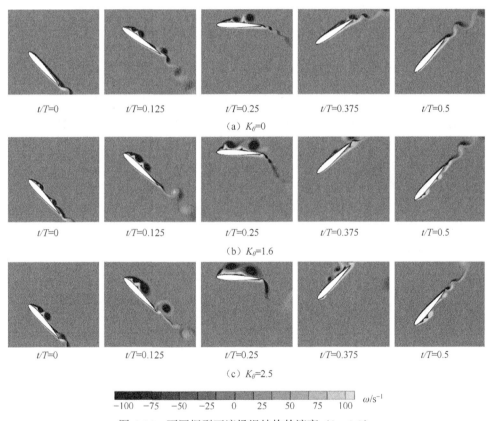

$t/T=0$　　$t/T=0.125$　　$t/T=0.25$　　$t/T=0.375$　　$t/T=0.5$

（a）$K_\theta = 0$

$t/T=0$　　$t/T=0.125$　　$t/T=0.25$　　$t/T=0.375$　　$t/T=0.5$

（b）$K_\theta = 1.6$

$t/T=0$　　$t/T=0.125$　　$t/T=0.25$　　$t/T=0.375$　　$t/T=0.5$

（c）$K_\theta = 2.5$

图 6-54　不同振型下流场涡结构的演变（$k = 0.8$）

6.4.6　非正弦沉浮振型对扑翼能量采集效果的影响

本节选取 5 种沉浮振型（$K_h = -0.98$，-0.85，0，1，1.6）研究非正弦沉浮振型对扑翼能量采集效果的影响，俯仰振型采用正弦振型。

图 6-55 所示为不同沉浮振型工况平均功率系数 C_{Pm} 和能量采集效率 η 随缩减

频率 k 的变化曲线。由图可见，在本节的研究参数范围内，随着频率的增加，C_{Pm} 基本上先增大后减小。当 $K_h = -0.98{\sim}1$ 时，较低频率下 C_{Pm} 变化很小，而频率较高时，增大 K_h 则可以提高能量采集量。不过随着 K_h 进一步增大，C_{Pm} 将显著降低。能量采集效率 η 随频率的变化趋势与 C_{Pm} 基本相同。总体而言，采用非正弦沉浮振型时，仅在 $K_h = 1$ 且频率较高的工况下才能提高能量采集量。

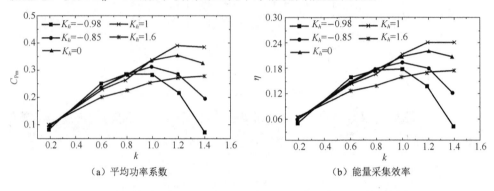

（a）平均功率系数　　　　　　　　　　（b）能量采集效率

图 6-55　不同沉浮振型下平均功率系数 C_{Pm} 和能量采集效率 η 随缩减频率 k 的变化

图 6-56 所示为 $k = 1.2$，沉浮振型参数 $K_h = -0.85$，0，1，1.6 时，瞬时功率系数 C_P 和沉浮诱导功率系数 C_{Ph} 在一个振荡周期内的变化曲线，对应的升力系数变化曲线见图 6-57。由图可见，振型的变化对瞬时升力系数 C_l 影响很大。当 $K_h = -0.85$ 时，升力系数谷值和峰值分别出现在 $0.2T$ 和 $0.7T$ 时刻，两时刻升力方向与沉浮速度方向相反，因此 C_P 及 C_{Ph} 在这两个时刻附近将降低至最小（图 6-56）。而当 $K_h \geqslant 0$ 时，随着 K_h 的增大，气动升力与沉浮速度变化的同步性增强，有利于能量采集；但当 K_h 增加到 1.6 时，由于沉浮速度显著增大，有效攻角减小，因此升力系数分别在 0 和 $0.5T$ 时刻出现小的谷值和峰值，相应的 C_P 和 C_{Ph} 也处于较低水平。根据对图 6-54 的分析可知，有效攻角减小会降低气动升力，进而使振荡扑翼的能量采集效果变差，于是可以推断，当 K_h 增加到一定程度时，功率系数必然显著降低。

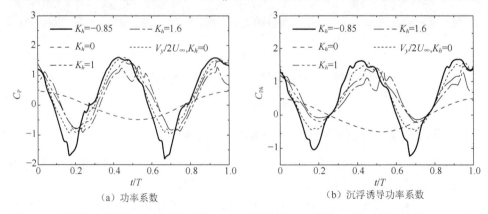

（a）功率系数　　　　　　　　　　　（b）沉浮诱导功率系数

图 6-56　不同沉浮振型工况下功率系数 C_P 和沉浮诱导功率系数 C_{Ph} 随时间的变化（$k = 1.2$）

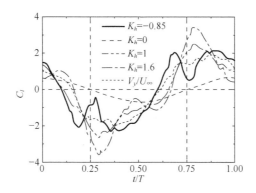

图 6-57 不同沉浮振型下升力系数随时间的变化（$k = 1.2$）

6.4.7 非正弦俯仰与非正弦沉浮耦合运动对扑翼能量采集效果的影响

非正弦俯仰运动和非正弦沉浮运动在一定运动参数范围内均有增加能量采集量的效果，本节选取 5 种俯仰振型参数（$K_\theta = -0.85$，0，1，1.6，2.5）和 4 种沉浮振型参数（$K_h = -0.85$，0，1，1.6）研究两者耦合运动对扑翼能量采集效果的影响。

图 6-58（a）和（b）分别给出了 $k = 0.8$ 和 1 时，不同振型工况的平均功率系数 C_{Pm}。由图可见，缩减频率为 0.8 时，平均功率系数基本上随着 K_θ 的增加而增大，随着 K_h 的增加而减小。对于 $K_h \leqslant 0$ 的工况，增大 K_h 对功率的影响较小，这是因为此时沉浮振型的变化对扑翼沉浮速度的影响较小，所以对有效攻角和流场结构演变的影响也较小。然而对于 $K_h > 0$ 的工况，增大 K_h 则将使沉浮速度显著增大，有效攻角大幅度减小。

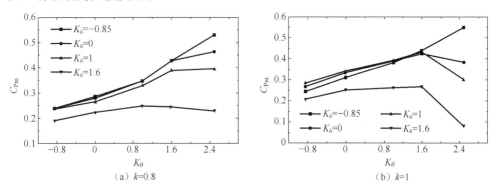

图 6-58 不同俯仰振型与沉浮振型工况的平均功率系数 C_{Pm}

当缩减频率为 1 时，$K_h \geqslant 0$ 各工况的最大功率系数都出现在 $K_\theta = 1.6$；而在 $K_h = -0.85$ 工况，增大 K_θ 则能提高能量采集量。在本节的研究参数范围内，两种频率下的平均最大功率系数均出现在 $K_\theta = 2.5$ 和 $K_h = -0.85$ 工况，并且与正弦振荡相比，非正弦俯仰振型和沉浮振型耦合后，可使功率系数在 $k=0.8$ 和 1 时分别增加 87.5%及 64.1%。由此可知，非正弦俯仰运动与非正弦沉浮运动耦合可以实现最佳的扑翼能量采集效果，而为了实现最佳效果，应该选取较小的 K_h 和较大的 K_θ。

图 6-59 所示为 $k=0.8$ 时，3 种不同俯仰和沉浮耦合振型工况的功率系数 C_P 在一个振荡周期内的变化曲线。其中，正弦工况的最大功率系数出现在 0 和 $0.5T$ 时刻，而非正弦工况则有较大不同。在 $K_h=1.6$，$K_\theta=-0.85$ 工况下，由于 K_h 较大，K_θ 较小，因此有效攻角大幅度减小，气动升力降低，升力与沉浮速度变化的同步性也变差，导致 0 和 $0.5T$ 时刻的功率系数明显下降，显然这种大 K_h 和小 K_θ 的耦合振型不利于提高能量采集量。在 $K_h=-0.85$，$K_\theta=1$ 工况下，有效攻角较大，气动升力提高并且升力与沉浮速度的同步性较好，有利于实现更佳的能量采集效果，因此其功率系数在大部分振荡周期内高于正弦振型。

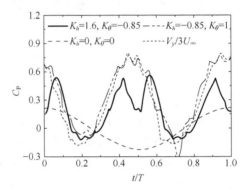

图 6-59　不同耦合振型工况下功率系数随时间的变化曲线（$k=0.8$）

6.6　结　　论

本章以振荡扑翼为研究对象，通过控制扑翼振荡参数和运动模式，实现了推力产生和能量采集效果。对俯仰扑翼推进特性重点分析了大振幅、非正弦振型和翼型弯度等因素的影响，对沉浮扑翼分析了非正弦振型的影响。针对扑翼能量采集效果的研究重点分析了有效攻角和非正弦振型的影响。主要得到以下结论。

（1）对于俯仰扑翼，相同振幅下，平均推力系数和功率系数随缩减频率的增加而增加。随着振幅的增加，平均推力系数和功率系数显著增加；当振幅增大到一定程度后，增大振幅对提升推力的效果越来越小，推进效率随着振幅的增加快速降低。在大振幅时发生了尾流的偏移，且增大振幅将导致尾流偏移程度的增大；非正弦参数 K 的增大提高了平均推力和功率系数以及两者最大瞬时值，尤其是在 $K>0$ 时，而改变翼型弯度和弯曲位置无助于平均推力系数和效率的提高。

（2）对于沉浮扑翼，在相同振幅下，平均推力和功率系数随振荡频率的增加而增大，效率随振荡频率先迅速增大后逐渐减小；相较正弦沉浮振荡，$K>0$ 对应的非正弦振型可以提高最大瞬时推力系数和平均推力系数，但会导致推进效率的降低。非正弦振型对流场涡结构有明显的影响，K 的增大使翼型尾缘产生更强的反卡门涡街，引起推力系数的增加，但同时引起更严重的前缘分离，导致推进效率降低。

（3）最大有效攻角对振荡扑翼能量采集效果影响显著。研究参数范围内，相同频率下平均功率系数和效率随最大有效攻角的增加而增大；最大有效攻角的增大使翼型前缘涡更早形成，增强气动升力和沉浮运动速度变化的同步性，并且提高了最大升力，进而提高了瞬时功率系数和能量采集效果。

（4）振荡扑翼能量采集主要通过沉浮运动实现，且沉浮诱导功率系数平均值随频率的增大而迅速增大；合理地选择非正弦俯仰振型可以显著提高能量采集量和采集效率；通过加速翼型前缘涡的产生和流动分离的扩展，非正弦俯仰振型使气动升力和沉浮速度变化的同步性提高，提高了功率系数，而非正弦沉浮振型对提高输出功率的效果较为有限；所有非正弦振型的研究中，选择类似方波的俯仰振型和类似锯齿波的沉浮振型可以实现最佳的能量采集效果。

参 考 文 献

[1]   Reichert B A, Wendt B J. Improving curved subsonic diffuser performance with vortex generators[J]. AIAA Journal, 1996, 34 (1): 65-72.

[2]   Lin J C. Review of research on low-profile vortex generators to control boundary-layer separation[J]. Progress in Aerospace Sciences, 2002, 38 (4/5): 389-420.

[3]   Jirasek A. Vortex-generator model and its application to flow control[J]. Journal of Aircraft, 2005, 42 (6): 1486-1491.

[4]   Lim H C, Lee S J. Flow control of circular cylinders with longitudinal grooved surfaces[J]. AIAA Journal, 2002, 40 (10): 2027-2036.

[5]   Lee S J, Lim H C, Han M, et al. Flow control of circular cylinder with a V-grooved micro-riblet film[J]. Fluid Dynamics Research, 2005, 37 (4): 246-266.

[6]   Kerho M F, Bragg M B. Airfoil boundary-layer development and transition with large leading-edge roughness[J]. AIAA Journal, 1997, 35 (1): 75-84.

[7]   Roberts S K, Yaras M I. Effects of surface-roughness geometry on separation-bubble transition[J]. Journal of Turbomachinery, 2006, 128 (2): 349.

[8]   Kang S, Choi H, Lee S. Laminar flow past a rotating circular cylinder[J]. Physics of Fluids, 1999, 11 (11): 3312.

[9]   Wallis R A. The Use of Air Jets for Boundary Layer Control[R]. Melbourne: Aeronautical Research Labs, 1952.

[10]   Johnston J, Nishi M. Vortex generator jets-Means for flow separation control[J]. AIAA Journal, 1990, 28 (6): 989-994.

[11]   McManus K R, Joshi P B, Legner H H, et al. Active control of aerodynamic stall using pulsed jet actuators[C]. 26th AIAA Fluid Dynamics Conference, San Diego, 1995.

[12]   Seifert A, Bachar T, Koss D, et al. Oscillatory blowing: A tool to delay boundary-layer separation[J]. AIAA Journal, 1993, 31 (11): 2052-2060.

[13]   Post M L, Corke T C. Separation control on high angle of attack airfoil using plasma actuators[J]. AIAA Journal, 2004, 42 (11): 2177-2184.

[14]   Huang J, Corke T C, Thomas F O. Plasma actuators for separation control of low-pressure turbine blades[J]. AIAA Journal, 2006, 44 (1): 51-57.

[15]   Samimy M, Adamovich I, Webb B, et al. Development and characterization of plasma actuators for high-speed jet control[J]. Experiments in Fluids, 2004, 37 (4): 577-588.

[16]   Chen Z, Aubry N. Active control of cylinder wake[J]. Communications in Nonlinear Science and Numerical Simulation, 2005, 10 (2): 205-216.

[17]   Compton D A, Johnstont J P. Streamwise vortex production by pitched and skewed jets in a turbulent boundary layer[J]. AIAA Journal, 1992, 30 (3): 640-647.

[18]   Zhang X, Collins M W. Flow and heat transfer in a turbulent boundary layer through skewed and pitched jets[J]. AIAA Journal, 1993, 31 (9): 1590-1599.

[19]   Zhang X, Collins M W. Nearfield evolution of a longitudinal vortex generated by an inclined jet in a turbulent boundary layer[J]. Journal of Fluids Engineering, 1997, 119 (4): 934-940.

[20]   Zhang X. Counter-rotating vortices embedded in a turbulent boundary layer with inclined jets[J]. AIAA Journal, 1999, 37 (10): 1277-1284.

[21]   Selby G V, Lin J C, Howard F G. Control of low-speed turbulent separated flow using jet vortex generators[J]. Experiments in Fluids, 1992, 12 (6): 394-400.

[22]   Hasegawa H, Hayashi N. The effect of suppression of vortex generator jets with asymmetric orifices on flow separation[J]. Journal of Fluid Science and Technology, 2008, 3 (6): 775-786.

[23]   Zhang X. Co- and contrarotating streamwise vortices in a turbulent boundary layer[J]. Journal of Aircraft, 1995,

32 (5): 1095-1101.

[24] Sondergaard R, Bons J P, Sucher M, et al. Reducing low-pressure turbine stage blade count using vortex generator jet separation control[C]. Amsterdam: Proceedings of ASME Turbo Expo 2002, 2002.

[25] Peter Scholz, Marcus Casper, Jens Ortmanns, et al. Leading-edge separation control by means of pulsed vortex generator jets [J]. AIAA Journal, 2008, 46 (4): 837-846.

[26] 郭婷婷, 李少华, 徐忠. 横向紊动射流的数值与实验研究进展[J]. 力学进展, 2005, 35 (2): 211-220.

[27] Fric T F. Structure in the Near Field of the Transverse Jet[D]. Pasadena: California Institute of Technology, 1990.

[28] Kelso R M, Lim T T, Perry A E. An experimental study of round jets in cross-flow[J]. Journal of Fluid Mechanics, 1996, 306: 111-144.

[29] Sykes R I, Lewellen W S, Parker S F. On the vorticity dynamics of a turbulent jet in a crossflow[J]. Journal of Fluid Mechanics, 1986, 168: 393-413.

[30] Lim T T, New T H, Luo S C. On the development of large-scale structures of a jet normal to a cross flow[J]. Physics of Fluids, 2001, 13: 770.

[31] New T H, Lim T T, Luo S C. A flow field study of an elliptic jet in cross flow using DPIV technique[J]. Experiments in Fluids, 2004, 36 (4): 604-618.

[32] Krothapalli A, Lourenco L, Buchlin J M. Separated flow upstream of a jet in a crossflow[J]. AIAA Journal, 1990, 28 (3): 414-420.

[33] Fric T F, Roshko A. Vortical structure in the wake of a transverse jet[J]. Journal of Fluid Mechanics, 1994, 279: 1-47.

[34] Broadwell J E, Breidenthal R E. Structure and mixing of a transverse jet in incompressible flow[J]. Journal of Fluid Mechanics, 1984, 148: 405-412.

[35] Moussa Z M, Trischka J W, Eskinazi S. The near field in the mixing of a round jet with a cross-stream[J]. Journal of Fluid Mechanics, 1977, 80: 49-80.

[36] Cortelezzi L, Karagozian A R. On the formation of the counter-rotating vortex pair in transverse jets[J]. Journal of Fluid Mechanics, 2001, 446: 347-373.

[37] Ingard U, Labate S. Acoustic circulation effects and the nonlinear impedance of orifices[J]. Journal of the Acoustical Society of America, 1950, 22 (2): 211-218.

[38] Wiltse J, Glezer A. Manipulation of free shear flows using piezoelectric actuators[J]. Journal of Fluid Mechanics, 1993, 249: 261-285.

[39] 明晓, 戴昌晖, 史胜熙. 声学整流效应的新现象[J]. 力学学报, 1992, 24 (1): 48-54.

[40] Caruana D, Barricau P, Hardy P, et al. The "Plasma Synthetic Jet" actuator. aero-thermodynamic characterization and first flow control applications[C]. 47th AIAA Aerospace Sciences Meeting Including The New Horizons Forum and Aerospace Exposition, Orlando, 2009.

[41] Volino R J. Separation control on low-pressure turbine airfoils using synthetic vortex generator jets[C]. Proceedings of ASME Turbo Expo 2003 Power for Land, Sea, and Air, Atlanta, 2003.

[42] Fang-Jenq Chen, George B. Beeler. Virtual Shaping of a Two-dimensional NACA 0015 Airfoil Using Synthetic Jet Actuator[C]. lst AIAA Flow Control Conference, AIAA-2002-3273, St. Louis, 2002.

[43] 石清, 李桦. 零净质量射流的数值模拟[J]. 空气动力学学报, 2011, 29 (1): 114-117.

[44] 罗振兵, 夏智勋, 方丁酉. 合成射流激励器实验及结果分析[J]. 宇航学报, 2004, 25 (2): 201-204.

[45] Yang A. Design analysis of a piezoelectrically driven synthetic jet actuator[J]. Smart Materials and Structures, 2009, 18 (12): 125004.

[46] 李斌斌, 程克明, 顾蕴松. 斜出口合成射流激励器非定常流场特性实验研究[J]. 实验流体力学, 2008, 22 (3): 27-30.

[47] 邵纯, 曹燕飞, 邹龙, 等. 零质量射流及其在进气道流动控制中的应用研究[J]. 工程力学, 2014, 32 (4): 206-211.

[48] Kim S H, Kim C. Separation control on NACA23012 using synthetic jet[J]. Aerospace Science and Technology, 2009, 13 (4/5): 172-182.

[49] Seifert A, Tunia L, Pack G. Oscillatory excitation of unsteady compressible flows over airfoils at flight Reynolds

numbers[C]. Reno: 37th AIAA Aerospace Sciences Meeting and Exhibit, AIAA 99-0925, 1999.

[50] 史志伟, 张海涛. 合成射流控制翼型分离的流动显示与 PIV 测量[J]. 实验流体力学, 2008, 22 (3): 49-53.

[51] 张攀峰, 王晋军. 孔口倾斜角对合成射流控制翼型流动分离的影响[J]. 兵工学报, 2009, 30 (12): 1658-1662.

[52] 唐进, 李宇红, 霍福鹏. 振荡射流改善翼型气动性能的实验研究[J]. 工程热物理学报, 2004, 25 (5): 765-768.

[53] Balcer B E, Franke M E, Rivir R B. Effects of plasma induced velociey on boundary layer flow[C]. 44th AIAA Aerospace Sciences Meeting and Exhibit, AIAA 2006-875, Reno, 2006.

[54] List J, Byerley A R, McLaughlin T E, et al. Using a plasma actuator to control laminar separation on a linear cascade turbine blade[C]. 41st Aerospace Sciences Meeting and Exhibit, AIAA 2003-1026, Reno, 2003.

[55] Lin J C, Selby G V, Howard F G. Exploratory study of vortex-generating devices for turbulent flow separation control[C]. 29th Aerospace Sciences Meeting, Reno, 1991.

[56] Byerley A R, Störmer O, Baughn J W, et al. Using gurney flaps to control laminar separation on linear cascade blades[J]. Journal of Turbomachinery, 2003, 114 (1): 509-537.

[57] Troolin D R, Longmire E K, Lai W T. Time resolved PIV analysis of flow over a NACA 0015 airfoil with Gurney flap [J]. Experiments in Fluids, 2006, 41: 241-254.

[58] Wang J J, Li Y C, Choi K S. Gurney flap-Lift enhancement, mechanisms and applications[J]. Progress in Aerospace Sciences, 2008, 44: 22-47.

[59] 张军胜. 乔渭阳. 孙大伟. 基于 Gurney 襟翼的低压涡轮叶栅流动控制实验[J]. 航空动力学报, 2009, 24 (5): 1129-1135.

[60] Volino R J. Passive flow control on low-pressure turbine airfoils[J]. Journal of Turbomachinery, 2003, 125 (4): 754-764.

[61] Bohl D G, Volino R J. Experiments with three-dimensional passive flow control devices on low-pressure turbine airfoils [J]. Journal of Turbomachinery, 2006, 128: 251-260.

[62] 蓝吉兵, 谢永慧, 张荻. 低压高负荷燃气透平叶片边界层分离转捩数值模拟与流动控制[J]. 中国电机工程学报, 2009, 29 (26): 68-74.

[63] Hergt A, Meyer R, Müller M W, et al. Loss reduction in compressor cascades by means of passive flow control[C]. Berlin: Proceedings of ASME Turbo Expo 2008: Power for Land, Sea and Air, 2008.

[64] Bearman P W, Harvey J. Golf ball aerodynamics[J]. The Aeronautical Quarterly, 1976, 27 (2): 112-122.

[65] Bearman P, Harvey J. Control of circular cylinder flow by the use of dimples[J]. AIAA Journal, 1993, 31 (10): 1753-1756.

[66] Lake J, King P, Rivir R. Reduction of separation losses on a turbine blade with low Reynolds numbers[C]. 37th AIAA Aerospace Sciences Meeting and Exhibit, AIAA 1999-0242, Reno, 1999.

[67] Lake J, King P, Rivir R. Low Reynolds number loss reduction on turbine blades with dimples and v-grooves[C]. 38th AIAA Aerospace Science Meeting and Exhibit, AIAA 2000-0738, Reno, 2000.

[68] Rivir R, Sondergaard R, Bons J. Control of separation in turbine boundary layers[C]. 2nd AIAA Flow Control Conferance, AIAA 2004-2201, Portland 2004.

[69] 乔渭阳, 王占学, 伊进宝. 低雷诺数涡轮流动损失控制技术[J]. 推进技术, 2005, 26 (1): 42-45.

[70] Lan J B, Xie Y H, Zhang D, et al. Large-eddy simulation and passive control of flows for a low pressure turbine cascade[C]. ASME Turbo Expo 2009, New York:American Society of Mechanical Engineers, 2009: 747-756.

[71] Xie Y H, Lan J B, Shu J, et al. Large-eddy simulation of flows for low pressure turbine cascade[C]. Proceedings 19th International Symposium on Air Breathing Engines (ISABE), Montréal, 2009.

[72] 张荻, 舒静, 蓝吉兵, 等. 低压透平叶栅边界层分离及附的大涡模拟[J]. 中国电机工程学报, 2009, 29(29): 77-83.

[73] 叶冬挺, 张荻, 蓝吉兵, 等. 合成射流控制低压高负荷透平叶片边界层分离的大涡模拟[J]. 西安交通大学学报, 2011, 45(3): 58-64.

[74] Tuncer I H, Kaya M. Thrust generation caused by flapping airfoils in a biplane configuration[J]. Journal of Aircraft, 2003, 40(3): 509-515.

[75] Sarkar S, Venkatraman K. Numerical simulation of thrust generating flow past a pitching airfoil[J]. Computers &

Fluids, 2006, 35 (1): 16-42.

[76] Xiao Q, Liao W. Numerical study of asymmetric effect on a pitching foil[J]. International Journal of Modern Physics C, 2009, 20 (10): 1663-1680.

[77] Young J S, Lai J C. Oscillation frequency and amplitude effects on the wake of a plunging airfoil[J]. AIAA Journal, 2004, 42 (10): 2042-2052.

[78] Ashraf M A, Young J, Lai J C S. Reynolds number, thickness and camber effects on flapping airfoil propulsion[J]. Journal of Fluids and structures, 2011, 27 (2): 145-160.

[79] Lewin G C, Haj-Hariri H. Modelling thrust generation of a two-dimensional heaving airfoil in a viscous flow[J]. Journal of Fluid Mechanics, 2003, 492: 339-362.

[80] Hover F S, Haugsdal M S, Triantafyllou M S. Effect of angle of attack profiles in flapping foil propulsion[J]. Journal of Fluids and Structures, 2004, 19 (1): 37-47.

[81] Schouveiler L, Hover F S, Triantafyllou M S. Performance of flapping foil propulsion[J]. Journal of Fluids and Structures, 2005, 20 (7): 949-959.

[82] Kinsey T, Dumas G. Parametric study of an oscillating airfoil in a power-extraction regime[J]. AIAA Journal, 2008, 46 (6): 1318-1330.

[83] Zhu Q, Peng Z. Mode coupling and flow energy harvesting by a flapping foil[J]. Physics of Fluids, 2009, 21 (3): 033601.

[84] Xiao Q, Liao W, Yang S, et al. How motion trajectory affects energy extraction performance of a biomimic energy generator with an oscillating foil[J]. Renewable Energy, 2012, 37 (1): 61-75.

[85] McKinney W, DeLaurier J. The wingmill: An oscillating-wing windmill[J]. Journal of Energy, 1981, 5 (2): 109-115.

[86] Stingray tidal energy device-phase 2, 2003. http://www.uea.ac.uk/~e680/energy/energy_links/renewables/stingray_part1.pdf.

[87] Stingray Tidal Stream Energy Device-Phase 3, 2004. http://tethys.pnnl.gov/sites/default/files/publications/Stingray_Tidal_Stream_Energy_Device.pdf.

[88] Paish M, Giles J, Panahandeh B. The pulse stream concept, and the development of the pulse stream demonstrator[C]. Proceedings of the International Conference on Ocean Energy, Bilbao, 2010.

[89] Kinsey T, Dumas G, Lalande G, et al. Prototype testing of a hydrokinetic turbine based on oscillating hydrofoils[J]. Renewable Energy, 2011, 36 (6): 1710-1718.

[90] 盛森芝, 徐月亭. 热线热膜流速计[M]. 北京: 中国科学技术出版社, 2003.

[91] 李海燕, 王毅. 试验用流速测试技术的新发展[J]. 计测技术, 2009, 29 (2): 1-4.

[92] TSI. IFA300 constant temperature anemometer system instruction manual[G]. 1997.

[93] 戴昌晖. 流体流动测量[M]. 北京: 航空工业出版社, 1991.

[94] 范洁川. 近代流动显示技术[M]. 北京: 国防工业出版社, 2002.

[95] 赵斌娟. 双流道泵内非定常三维湍流数值模拟及 PIV 测试[D]. 苏州: 江苏大学博士学位论文, 2007.

[96] 蓝吉兵. 具有球窝/球凸结构通道的流动传热特性实验与数值研究[D]. 西安: 西安交通大学博士学位论文, 2012.

[97] Olsen M G, Adrian R J. Particle image velocimetry[J]. Measurement Science and Technology, 2001, 12: N14-N16.

[98] 范洁川. 近代流动显示技术[M]. 北京: 国防工业出版社, 2002.

[99] 柯峰. 开口后台阶引射及窄宽度二维台阶绕流的湍流非定常特性实验研究[D]. 上海: 上海交通大学博士学位论文, 2007.

[100] Siddal R G, Davies T W. An improved response equation for hot-wire anemometry[J]. Journal of International Heat and Mass Transfer, 1972, 15: 367-368.

[101] 刘应征, 罗次申. LDV/PIV 全场速度测量的误差分析[J]. 上海交通大学学报, 2002, 36 (10): 1404-1407.

[102] 张兆顺, 崔桂香. 湍流理论与模拟[M]. 北京: 清华大学出版社, 2005.

[103] 王福军. 计算流体动力学分析: CFD 软件原理与应用[M]. 北京: 清华大学出版社, 2004.

[104] 崔桂香, 许春晓, 张兆顺. 湍流大涡数值模拟进展[J]. 空气动力学学报, 2004, 22 (2): 121-129.

[105] Smagorinsky J. General circulation experiments with the primitive equations[J]. Monthly Weather Review, 1963, 91 (3): 99-164.

[106] Lilly D K. The representation of small-scale turbulence in numerical simulation experiments[C]. Proceedings of the IBM Scientific Computing Symposium on Environmental Sciences, Yorktown Heights, 1967.

[107] Hanjalic K. Will RANS survive LES? A view of perspectives[J]. Journal of Fluids Engineering, 2005, 127(5): 831-839.

[108] Shih T H, Liou W W, Shabbir A, et al. A new k-ε eddy viscosity model for high reynolds number turbulent flows[J]. Computers & Fluids, 1995, 24(3): 227-238.

[109] Yakhot V, Orszag S A. Renormalization group analysis of turbulence. I. Basic theory[J]. Journal of Scientific Computing, 1986, 1(1): 3-51.

[110] Menter F R. Two-equation eddy-viscosity turbulence models for engineering applications[J]. AIAA Journal, 1994, 32 (8): 1598-1605.

[111] Menter F R, Langtry R B, Likki S R, et al. A correlation-based transition model using local variables—Part I: model formulation[J]. Journal of Turbomachinery, 2006, 128 (3): 413-422.

[112] 张兆顺. 湍流[M]. 北京: 国防工业出版社, 2002.

[113] Robinson S K. Coherent motions in the turbulent boundary layer[J]. Annual Review of Fluid Mechanics, 1991, 23 (1): 601-639.

[114] Kline S J, Reynolds W C, Schraub F A, et al. The structure of turbulent boundary layers[J]. Journal of Fluid Mechanics, 1967, 30(4): 741-773.

[115] Comte P, Silvestrini J H, Begou P. Streamwise vortices in large-eddy simulations of mixing layers[J]. European Journal of Mechanics-B Fluids, 1998, 17 (4): 615-637.

[116] Chong M S, Perry A E, Cantwell B J. A general classification of three-dimensional flow fields[J]. Physics of Fluids, 1990, 2 (5): 765-777.

[117] Chong M S, Soria J, Perry A E, et al. Turbulence structures of wall-bounded shear flows found using DNS data[J]. Journal of Fluid Mechanics, 1998, 357: 225-247.

[118] Soria J, Sondergaard R, Cantwell B J, et al. A study of the fine‐scale motions of incompressible time‐developing mixing layers[J]. Physics of Fluids, 1994, 6: 871-884.

[119] Hunt J C R, Wray A A, Moin P. Eddies, streams and convergence zones in trubulent flows[C]. Studying turbulence using numerical simulation databases 2, Proceedings of the 1988 Summer Program, Stanford, 1988.

[120] Zhou J, Adrian R J, Balachandar S, et al. Mechanisms for generating coherent packets of hairpin vortices in channel flow[J]. Journal of Fluid Mechanics, 1999, 387: 353-396.

[121] Jeong J, Hussain F. On the identification of a vortex[J]. Journal of Fluid Mechanics, 1995, 285: 69-94.

[122] 樊涛, 谢永慧, 张荻. 涡旋射流控制扩压器分离流动的大涡模拟[J]. 中国电机工程学报, 2008, 28 (35): 57-65.

[123] Nishi M, Yoshida K, Morimitsu K. Control of separation in a conical diffuser by vortex generator jets[J]. JSME International Journal-Series B-Fluids and Thermal Engineering, 1998, 41 (1): 233-238.

[124] 李少华, 袁斌, 刘利献, 等. 多孔横向素动射流涡量场的数值分析[J]. 中国电机工程学报, 2007, 27 (23): 100-104.

[125] 李炜, 姜国强, 张晓元. 横流中圆孔湍射流的旋涡结构[J]. 水科学进展, 2003, 14 (5): 576-582.

[126] 姜国强, 李炜. 横流中有限宽窄缝射流的旋涡结构[J]. 水利学报, 2004 (5): 52-57.

[127] 郭婷婷, 李少华, 徐忠. 三维横向素动射流流场结构的数值分析[J]. 动力工程, 2004, 24 (2): 244-248.

[128] Courant R, Friedrichs K, Lewy H. On the partial difference equations of mathematical physics[J]. IBM Journal of Research & Development, 1967, 11 (2): 215-234.

[129] 钟易成, 陈晓. 涡与涡以及涡与附面层之间相互作用的试验研究[J]. 航空动力学报, 1999, 14 (1): 27-30.

[130] 郭婷婷, 刘建红, 李少华, 等. 气膜冷却流场的大涡模拟[J]. 中国电机工程学报, 2007, 27 (11): 83-87.

[131] Davis P A, Peltier W R. Some characteristics of the Kelvin-Helmholtz and resonant overreflection modes of shear flow instability and of their interaction through vortex pairing[J]. Journal of the Atmospheric Sciences, 1979, 36 (12): 2394-2412.

[132] 刘明宇, 马延文, 傅德薰. 可压缩轴对称射流三维拟序结构的演化[J]. 中国科学: 物理学、力学、天文学, 2003, 33 (1): 15-21.

[133] 方开泰, 马长兴. 正交与均匀试验设计[M]. 北京: 科学出版社, 2001.

[134] 李国能, 周昊, 杨华, 等. 横流中湍流射流的数值研究[J]. 中国电机工程学报, 2007, 27 (2): 87-91.

[135] Lee I, Sung H J. Multiple-arrayed pressure measurement for investigation of the unsteady flow structure of a reattaching shear layer[J]. Journal of Fluid Mechanics, 2002, 463: 377-402.

[136] 连祺祥. 湍流边界层拟序结构的实验研究[J]. 力学进展, 2006, 36 (3): 373-388.

[137] Volino R J, Hultgren L S. Measurements in separated and transitional boundary layers under low-pressure turbine airfoil conditions[J]. Journal of Turbomachinery, 2001, 123(2): 189-197.

[138] 叶建, 邹正平. 逆压梯度下层流分离泡转捩的大涡模拟[J]. 工程热物理学报, 2006, 27 (3): 402-404.

[139] 张攀峰, 王晋军, 冯立好. 零质量射流技术及其应用研究进展[J]. 中国科学: E 辑, 2008, 38 (3): 321-349.

[140] Gross A, Fasel H F. Numerical investigation of low-pressure turbine blade separation control[J]. AIAA Journal, 2005, 43 (12): 2514-2525.

[141] Bons J P, Sondergaard R, Rivir R B. Turbine separation control using pulsed vortex generator jets[J]. Journal of Turbomachinery, 2001, 123(2): 198-206.

[142] Sondergaard R, Rivir R B, Bons J P. Control of low-pressure turbine separation using vortex-generator jets[J]. Journal of Propulsion and Power, 2002, 18 (4): 889-895.

[143] 高扬, 朱彦伟, 刘旭东. 预处理情形下斜管湍流横向射流大涡数值模拟[J]. 硅谷, 2009, 8 (1): 111-112,199.

[144] Tyagi M, Acharya S. Large eddy simulation of film cooling flow from an inclined cylindrical jet[J]. Journal of Turbomachinery, 2003, 125 (4): 734-742.

[145] Khan Z U, Johnston J P. On vortex generating jets[J]. International Journal of Heat and Fluid Flow, 2000, 21 (5): 506-511.

[146] Yu X, Liu J T C. On the mechanism of sinuous and varicose modes in three-dimensional viscous secondary instability of nonlinear Görtler rolls[J]. Physics of Fluids, 1994, 6: 736.

[147] Li F, Malik M R. Fundamental and subharmonic secondary instabilities of Görtler vortices[J]. Journal of Fluid Mechanics, 1995, 297: 77-100.

[148] Terzi D A, Alexander D. Numerical Investigation of Transitional and Turbulent Backward-Facing Step Flows[D]. Arizona: The University of Arizona, 2004.

[149] Haidari A H, Smith C R. The generation and regeneration of single hairpin vortices[J]. Journal of Fluid Mechanics, 1994, 277: 135-162.

[150] 邹正平, 叶建, 刘火星, 等. 低压涡轮内部流动及其气动设计研究进展[J]. 力学进展, 2007, 37(4): 551-562.

[151] Fasel H F, Postl D. Interaction of separation and transition in boundary layers: Direct numerical simulations[C]. Sixth IUTAM Symposium on Laminar-Turbulent Transition, Bangalore: Springer Netherlands, 2006: 71-88.

[152] Memory C, Snydery D O, Bons J. Numerical simulation of vortex generating jets in zero and adverse pressure gradients[C]. 46th AIAA Aerospace Sciences Meeting and Exhibit, AIAA 2008-558, Reno, 2008.

[153] 罗振兵. 合成射流流动机理及应用技术研究[D]. 长沙: 中国人民解放军国防科学技术大学硕士学位论文, 2002.

[154] Smith B L, Glezer A. The formation and evolution of synthetic jets[J]. Physics of Fluids (1994-present), 1998, 10 (9): 2281-2297.

[155] Glezer A, Amitay M. Synthetic jets [J]. Annual Review Fluid Mechanics, 2002, 34: 503-529.

[156] 罗振兵, 夏智勋, 方丁西, 等. 合成射流影响因素[J]. 国防科技大学学报, 2002, 24(3):32-35.

[157] Donovan J F, Kral L D, Cary A W. Active flow control applied to an airfoil[C]. 36th AIAA Aerospace Sciences Meeting and Exhibit, AIAA 98-210, Reno, 1998.

[158] Mallinson S G. The operation and application of synthetic jet actuators[C]. Fluids 2000, Conference and Exhibit AIAA 2000-2402, Denver, 2000.

[159] Nae C. Unsteady flow control using synthetic jet actuators[C]. Fluids 2000 Conferance and Exhibit, AIAA-2000-2403, Denvo, 2000.

[160] Chen F J, Yao C, Beeler G, et al. Development of synthetic jet actuators for active flow control at NASA Langley[C]. Fluids 2000 Conference and Exhibit, AIAA-2000-2405, Denvo, 2000.

[161] Luo Z B, Xia Z X. Numerical simulation of synthetic jet flow field and parameter analysis of actuator[J]. Journal of Propulsion Technology, 2004, 25 (3): 199-205.

[162] 罗振兵, 夏智勋, 方丁酉. 合成射流影响因素[J]. 国防科学技术大学学报, 2002, 24 (3): 32-35.

[163] Rumsey C L, Gatski T B, Sellers W L. Summary of the 2004 CFD validation workshop on synthetic jets and turbulent separation control[C]. 2nd AIAA Flow Control Conference, AIAA 2004-2217, Portland, 2004.

[164] Matsuura K, Kato C. Large-eddy simulation of compressible transitional flows in a low-pressure turbine cascade[J]. AIAA Journal, 2007, 45 (2): 442-457.

[165] Casey J P, King P I, Sondergaard R. Parameterization of boundary layer control dimples on a low pressure turbine blade[C]. 40th AIAA/ASME/SAE/ASEE Joint Propulsion Conference and Exhibit, AIAA 2004-3570, Fort Lauderdale: 2004.

[166] Suzen Y, Huang P. Numerical simulation of unsteady wake/blade interactions in low-pressure turbine flows using an intermittency transport equation[J]. Journal of Turbomachinery, 2005, 127 (3): 431-444.

[167] Isaev S A, Leont'Ev A I, Frolov D P, et al. Identification of self-organizing structures by the numerical simulation of laminar three-dimensional flow around a crater on a plane by a flow of viscous incompressible fluid[J]. Technical Physics Letters, 1998, 24 (3): 209-211.

[168] Ligrani P M, Harrison J L, Mahmmod G I, et al. Flow structure due to dimple depressions on a channel surface[J]. Physics of Fluids, 2001, 13: 3442-3451.

[169] Khalatov A, Byerley A, Ochoa D, et al. Flow characteristics within and downstream of spherical and cylindrical dimple on a flat plate at low Reynolds numbers[C]. Proceedings of ASME Turbo Expo 2004, ASME, Vienna, 2004.

[170] Zhao J, Chew Y, Khoo B. Experimental studies on hydrodynamic resistance and flow pattern of a narrow flow channel with dimples on the wall[C]. ASME International Mechanical Engineering Congress and Exposition 2004, ASME, Anaheim, 2004.

[171] Syred N, Khalatov A, Kozlov A, et al. Effect of surface curvature on heat transfer and hydrodynamics within a single hemispherical dimple[J]. Journal of Turbomachinery, 2001, 123 (3): 609-613.

[172] Roberts S, Yaras M. Boundary-layer transition affected by surface roughness and free-stream turbulence[J]. Journal of Fluids Engineering, 2005, 127 (3): 449-458.

[173] Germano M, Piomelli U, Moin P, et al. A dynamic subgrid-scale eddy viscosity model[J]. Physics of Fluids, 1991, 3 (7): 1760-1765.

[174] Bos F M, Lentink D, van Oudheusden B W, et al. Influence of wing kinematics on aerodynamic performance in hovering insect flight[J]. Journal of Fluid Mechanics, 2008, 594: 341-368.

[175] Wang S, Ingham D B, Ma L, et al. Numerical investigations on dynamic stall of low Reynolds number flow around oscillating airfoils[J]. Computers & Fluids, 2010, 39 (9): 1529-1541.

[176] Koochesfahani M M. Vortical patterns in the wake of an oscillating airfoil[J]. AIAA Journal, 1989, 27 (9): 1200-1205.

[177] Jones K D, Platzer M F. Numerical computation of flapping-wing propulsion and power extraction[C]. 35th AIAA Aerospace Sciences Meeting & Exhibit, Reno, 1997.

[178] Garrick I E. Propulsion of a flapping and oscillating airfoil[R]. National Advisory Committee for Aeronautics NACATR 567, Longley, 1937.

[179] Young J, Lai J C S. Vortex lock-in phenomenon in the wake of a plunging airfoil[J]. AIAA Journal, 2007, 45 (2): 485-490.

[180] Yu M L, Hu H, Wang Z J. A numerical study of vortex-dominated flow around an oscillating airfoil with high-order spectral difference method[C]. 48th AIAA Aerospace Sciences Meeting Including the New Horizons Forum and Aerospace Exposition, Orlando, 2010.

[181] Yu M L, Hu H, Wang Z J. Experimental and numerical investigations on the asymmetric wake vortex structures around an oscillating airfoil[C]. 50th AIAA Aerospace Sciences Meeting including the New Horizons Forum and Aerospace Exposition, Nashoille, 2012.

[182] Liang C, Ou K, Premasuthan S, et al. High-order accurate simulations of unsteady flow past plunging and pitching

airfoils[J]. Computers & Fluids, 2011, 40 (1): 236-248.

[183] Ashraf M, Lai J, Young J. Numerical analysis of flapping wing aerodynamics[C]. 16th Australasian Fluid Mechanics Conference (AFMC) Gold Coast, 2007: 1283-1290.

[184] Young J, Lai J C S. Mechanisms influencing the efficiency of oscillating airfoil propulsion[J]. AIAA Journal, 2007, 45 (7): 1695-1702.

[185] Jones K D, Dohring C M, Platzer M F. Experimental and computational investigation of the Knoller-Betz effect[J]. AIAA Journal, 1998, 36 (7): 1240-1246.

[186] Go T H, Hao W. Investigation on propulsion of flapping wing with modified pitch motion[J]. Aircraft Engineering and Aerospace Technology, 2010, 82 (4): 217-224.

[187] Healthcote S, Wang Z, Gursul I. Effect of spanwise flexibility on flapping Wing Propulsion[J]. Journal of Fluid and Structures, 2008, 24 (2): 183-199.

[188] Ashraf M A, Young J, Lai J C S. Reynolds number, thickness and camber effects on flapping airfoil propulsion[J]. Journal of Fluids and Structures, 2011, 27: 145-160.

[189] Ashraf M A, Young J, Lai J C S, et al. Numerical analysis of an oscillating-wing wind and hydropower generator[J]. AIAA Journal, 2011, 49 (7): 1374-1386.

[190] Xiao Q, Liao W. Numerical investigation of angle of attack profile on propulsion performance of an oscillating foil[J]. Computers & Fluids, 2010, 39 (8): 1366-1380.